"十四五"普通高等教育部委级规划教材

交叉学科设计学专业创新教材 | 李少博 高颂华 韩海燕 主编

U0733697

# 动态美学与动效设计

王睿志　王赫德　周　珂　编著

中国纺织出版社有限公司

# 内 容 提 要

本教材涵盖影视语言、数字特效、动效设计思路、软件应用及制作技法等，分为两大板块：一是设计理论基础，包括动态设计、美学及动态学感知心理；二是结合设计理论的软件操作与动态特效案例设计与制作。本教材既教授软件使用，又引导读者深入理解美学与设计思维。

本教材打破传统软件教学框架，以跨学科视角，融入影视数字特效设计制作、动态视觉设计、设计学及教育学等多学科知识，强调动态美学与动态设计思维的融合，为读者提供全面的理论和实践指导，是数字媒体艺术、视觉传达设计、影视动画等专业方向师生的教材。

**图书在版编目（CIP）数据**

动态美学与动效设计 / 王睿志，王赫德，周珂编著.
北京：中国纺织出版社有限公司，2025. 4. --（"十四五"普通高等教育部委级规划教材）（交叉学科设计学专业创新教材 / 李少博，高颂华，韩海燕主编）. -- ISBN 978-7-5229-2649-0

Ⅰ. TP391. 413

中国国家版本馆 CIP 数据核字第 2025K6P494 号

---

责任编辑：华长印　车定杰　　责任校对：高　涵
责任印制：王艳丽

---

中国纺织出版社有限公司出版发行
地址：北京市朝阳区百子湾东里 A407 号楼　邮政编码：100124
销售电话：010—67004422　传真：010—87155801
http://www.c-textilep.com
中国纺织出版社天猫旗舰店
官方微博 http://weibo.com/2119887771
天津千鹤文化传播有限公司印刷　各地新华书店经销
2025 年 4 月第 1 版第 1 次印刷
开本：787×1092　1/16　印张：15.5
字数：285 千字　定价：69.80 元

---

凡购本书，如有缺页、倒页、脱页，由本社图书营销中心调换

设计是突破式创新的重要推动力，也是催生新产业、新经济的重要因素。随着新时代到来，设计正在经历从"创造风格"到"驱动创新"的范式转型，之前设计范畴的造型、形式和风格导向，已经拓展到了服务、体验、交互、战略和智能化的设计驱动。

面对新的变革趋势，设计需要探索与其他学科合作的新方式，为迎接不断出现的新挑战，设计教育教学内容需要不断超越既定学科的知识模型，融合多学科知识来分析、解决复杂的社会问题，在具体的设计实践中作出及时的调整与重塑。

内蒙古师范大学设计学院主动面对设计学发展趋势，立足区域特质，持续致力于设计教学课程改革。在国家级一流本科专业建设过程中，整合教师教学经验与在地设计项目的各种教学资源，开展交叉学科设计学专业创新教材编写的系统工程。学院教师团队立足于新时代设计学科体系，以促进学生应用多学科知识和方法解决设计问题的能力提升为目标，倡导将各类学科的思维方法、知识和技能相结合，不断迭代教学思路与系统化设计教学知识体系。

本系列教材适合设计专业学生作为教材使用，也可作为设计专业学生自学的工具书和创新设计指导书。教材涵盖高等院校设计专业的专业基础课、专业核心课、专业拓展课等多种课程类型，形成学科交叉融合型专业课程体系。教材内容包括课题组成员在设计与心理学、媒介技术、信息传播等多个领域交叉创新的教学研究成果。强调跨学科问题的深度思考，强化多学科知识之间的链接，以及在生产生活中的综合应用，注重培养学生立足设计服务区域社会经济、文化发展，主动认识、自主反思、独立判断、合理决策的设计能力。

　　本系列教材在编辑出版过程中，得到了中国纺织出版社有限公司的大力支持和帮助，在此表示感谢。鉴于本系列教材系教学一线教师在教学过程中所积累的经验与总结，书中或有疏漏与不当之处，敬请专家、同行及广大读者批评指正。

李少博

2024年1月

　　党的二十大报告指出"实施国家文化数字化战略""繁荣发展文化事业和文化产业"。数字文化产业迎来良好发展机遇，有力支撑数字艺术进行深入探索。数字艺术充分运用现代科技成果，激活丰厚文化资源和中华美学精神，对我国自然、人文、历史和当代生活风貌进行全维度呈现，在丰富人民文化生活、增强人民精神力量以及增强文化自信等方面，发挥着越来越重要的作用。随着数字技术的不断进步，动态设计成为一种更具生命力和互动性的表达方式。通过动画、交互和多媒体元素的结合，动态设计能够更直观地传递信息、引起共鸣以及激发创造力。因此，动态设计在建设数字中国战略中扮演着重要的角色。

　　为了更好地吸引受众，带来更多的关注度，在传媒技术的进步和竞争压力的内驱推动下，设计师从静态的视觉设计逐步升级到了动态的视觉设计。动态设计相比静态设计在视觉表现上能够提供更多的动感、层次感、情感和引导注意力的手段，从而使设计更加吸引人、更加有趣且更具表现力。动态设计既能在有限的空间内表达更多的设计内容，又可以用动态的视觉画面牢牢吸引受众的眼球。

　　本书深度剖析了动态美学与动效设计的历史发展、当前状况及未来走向，为该领域搭建起了稳固的理论体系，有力地推动了相关理论的进步。书中全面阐述了动态美学与动效设计的基本概念、核心技术及实用方法，并结合大量生动的应用案例和实践经验，为视觉传达与交互设计学科的教学与研究工作提供了不可或缺的宝贵素材。同时，本书从跨领域角度出发，探讨了动态美学与动效设计在影视、游戏、动画以及现代科技和人文社科等多个领域的广泛应用，促进了这些领域间的交流与融合。此外，本书还着重培养读者的创新精神与实践操作能力，通过案例分析与实践操作的结合，有效提升了读者在动态美学与动效设计领域的综合素养。

## 一、动态设计相比静态设计在视觉表现中的优势

### 1. 增强动感

动态设计通过运用动画、过渡和运动效果，能够为设计注入更多的动感元素。这些动态元素可以使视觉内容更生动、丰富，从而更加吸引用户的眼球。动感效果的运用可以给设计带来更多的变化和活力，使其更具吸引力（图1）。

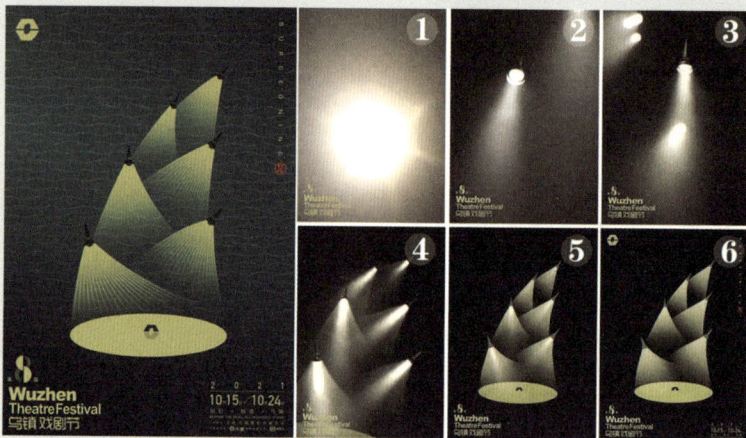

图1　第八届乌镇戏剧节静态海报（左）与动态海报分镜（右）　黄海

### 2. 提供层次感

动态设计可以利用动画和过渡效果来展示元素之间的层级关系和空间感。通过运用淡入淡出、平移、缩放等效果，可以使元素在时间和空间上形成更明确的层次结构，增强了设计的可读性和可理解性。

### 3. 营造情绪和氛围

动态设计可以通过动画、过渡和特效营造出特定的情绪和氛围。通过运用色彩、速度、形状等变化，可以传达出不同的情感和体验，从而让用户更加身临其境，感受到特定的情绪和氛围。通过动态设计，我们可以更好地吸引消费者的注意力，增强产品的卖点。

### 4. 强调重点和引导注意力

动态设计可以通过动画和运动效果来引导用户的注意力，突出重要的信息和功

能。通过适当的动态元素，可以引导用户的目光和关注点，使其更容易理解和定位设计中的关键要素和交互点。

**5. 支持故事叙述**

动态设计可以利用动画和运动效果来讲述故事或传达信息。通过动态变化和过程的呈现，可以更好地展示故事情节和重要转变，从而使设计更富有情感和叙事性（图2）。

2023年是AI（人工智能）全面发展和应用的元年，在多个设计领域也出现了AIGC（人工智能生成内容）的强大工具，在AIGC的冲击下，很多年轻设计师不再受制于视觉表现技术的壁垒，只要有设计想法，就可以

图2 《灰姑娘》动态海报
里卡多·瓜斯科（Riccardo Guasco）

靠AIGC去生成成熟的视觉设计作品（图3），目前AIGC还处于静态视觉为主的表达领域，相信动态视觉表现也会在不远的将来全面发展。动态时代的新设计对新表达有了更多的要求，相比传统的静态设计，动态设计在当今时代担任着更为重要的角色，因为它不仅能更好地传达信息，还能为用户提供更加沉浸、直观的体验。理解动态美学并掌握动态设计思维和动态设计技法是符合时代需求并具有学习意义的。

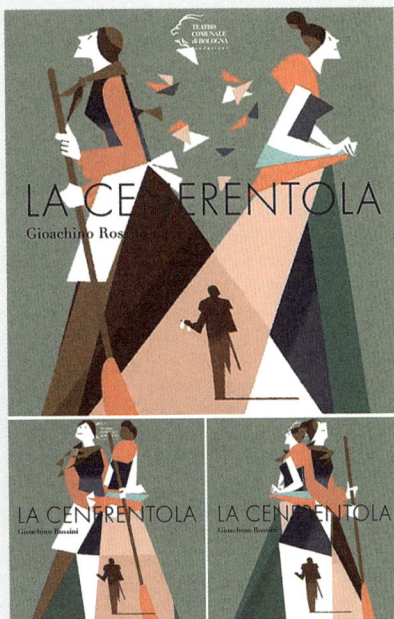

图3 传统手绘稿 VS AI润色生成稿 陈浩

## 二、学习动态设计与动态表达的意义

### 1. 拓宽设计领域的知识面

动态设计已经不再只是设计学学科的领域，它已经与多个学科领域交叉融合。通

过学习动态设计，我们可以更好地了解相关学科的前沿动态，拓宽自己的知识面。

### 2. 提高解决问题的能力

动态设计需要我们不断地面对和解决各种问题，例如如何提高用户的交互体验、如何实现更加逼真的动画效果等。通过学习动态设计，我们可以提高自己解决问题的能力，更好地应对实际工作中的挑战。

### 3. 增强个人的竞争力

学习动态设计可以帮助我们增强自己的职业竞争力。通过掌握这种新的设计形式，我们可以更好地适应市场需求的变化。

在AIGC的时代背景下，学习《动态美学与动效设计》具有重要的时代需求和学习意义。通过理解动态美学，掌握动态设计的原则、技巧和After Effects等工具的应用，我们可以更好地适应数字化时代的变革，提高自己的职业竞争力，同时也可以为未来的职业发展打下坚实的基础。

## 三、如何在AIGC时代做好动态设计

设计师应该了解AIGC技术的最新进展，保持对新技术的了解并不断更新自己的工具和技能。AIGC技术的兴起为动态设计提供了更多可能性，如计算机生成的图形、数据可视化和机器学习等。了解并掌握与动态设计相关的软件、编程语言和工作流程能够更好地应对新挑战和机遇，以便将其融入自己的设计中。在动态设计中，创意思维是至关重要的，不仅要了解与动态设计相关的技术，还要培养自己的创造力和想象力。通过灵活运用动画、交互和多媒体元素，创造出独特而引人注目的动态设计作品。持续学习交叉学科知识，要制作出优秀的动态设计，设计师不仅需要掌握设计学知识，还要了解相关交叉学科知识。熟练掌握After Effects等动态设计中常用的工具，以便为自己的设计增添丰富的动态效果。

AIGC时代为我们带来了无限的可能性，同时也带来了挑战。为适应当今时代发展，设计师需要不断地学习新的知识和技能，掌握动态设计的技术，并结合现代技术工具，创造出令人赞叹的作品，为用户带来前所未有的视觉体验。

2024年6月

# 课时分配表（72课时，9周）

| 章 | 周数 | 课程名称 | 课程内容 | 课时 |
|---|---|---|---|---|
| 第一章 动态美学与动态设计 | 第1周 | 动态美学的定义及发展 | ➢ 动态美学的定义<br>➢ 动态美学的发展 | 1课时 |
| | | 动态设计的定义与分类 | ➢ 动态设计的定义<br>➢ 动态设计的分类 | 2课时 |
| | | 当今动态设计的主流形态与行业影响 | ➢ 主流形态<br>➢ 行业影响 | 1课时 |
| 第二章 动效设计与动效技术 | | 动效设计与动效技术的定义和发展 | ➢ 动效设计的定义<br>➢ 动效技术的定义<br>➢ 动效技术的发展 | 1课时 |
| | | 动效技术在数字媒体、影视和游戏领域的应用 | ➢ 数字媒体领域的应用<br>➢ 影视领域的应用<br>➢ 游戏领域的应用 | 1课时 |
| | | 动效制作的基本原理与技术 | ➢ 动画原理<br>➢ 视觉设计原则<br>➢ 交互逻辑 | 2课时 |
| 第三章 动效的新设计与动效技术新表达 | 第2周 | 动效设计与视知心理 | ➢ 动效设计的心理基础<br>➢ 动效设计区别于静态设计的心理优势 | 2课时 |
| | | 动效设计中的视觉构图与表现手法 | ➢ 视觉构图的基本原则<br>➢ 动态构图与镜头语言<br>➢ 表现手法与风格探索 | 2课时 |
| | | 新动效技术下的创新设计表达 | ➢ 新技术在动效设计中的应用<br>➢ 个性化与定制化动效设计趋势<br>➢ 跨平台设计理念与响应式设计 | 2课时 |
| | | 动效设计对行业的影响 | ➢ 行业影响 | 2课时 |
| 第四章 After Effects概述及简明使用流程 | 第3周 | 进入After Effects的世界 | ➢ After Effects 的简介<br>➢ After Effects 在动效设计的应用 | 2课时 |
| | | After Effects基本操作界面 | ➢ After Effects 操作界面 | 2课时 |

续表

| 章 | 周数 | 课程名称 | 课程内容 | 课时 |
|---|---|---|---|---|
| 第四章<br>After Effects概述<br>及简明使用流程 | 第3周 | 常用术语与影视行业规范 | ➤ 常用术语解析<br>➤ 影视行业规范 | 2课时 |
| | | After Effects合成特效工作流程 | ➤ 合成原理与流程<br>➤ "AE 动态 Show" 案例 | 2课时 |
| 第五章<br>After Effects常用<br>技术操作 | 第4周 | 图层的常用操作 | ➤ 图层的种类<br>➤ 图层操作<br>➤ 图层属性 | 1课时 |
| | | 关键帧与时间轴 | ➤ 关键帧的概念与种类<br>➤ 关键帧的编辑<br>➤ 时间轴的操作 | 1课时 |
| | | 图层混合模式、蒙版与遮罩 | ➤ 图层的混合模式<br>➤ 蒙版与遮罩 | 1课时 |
| | | 笔刷类工具及人偶工具 | ➤ 笔刷类工具<br>➤ 人偶工具 | 2课时 |
| | | 特效的应用与设置 | ➤ 添加特效<br>➤ 修改和删除特效 | 1课时 |
| | | 插件、脚本的安装使用与常用推荐 | ➤ 插件、脚本的安装<br>➤ 脚本的安装与使用<br>➤ 注意事项<br>➤ 常用插件推荐 | 2课时 |
| 第六章<br>Logo、UI动效设计<br>实践 | 第5周 | Logo动效设计基础 | ➤ Logo 设计基础<br>➤ 动态 Logo 设计基础 | 2课时 |
| | | UI动效设计基础 | ➤ UI 设计基础<br>➤ 动态图标设计 | 2课时 |
| | | 动态Logo设计案例实践——北疆·文创动效Logo | ➤ "北疆·文创" 动态 Logo 案例简介<br>➤ Logo 设计思维<br>➤ 制作流程 | 2课时 |
| | | UI动效设计案例实践——天气图标UI动效 | ➤ "天气图标 UI" 动效案例简介<br>➤ "智慧天气" UI 设计思维<br>➤ 制作流程 | 2课时 |

续表

| 章 | 周数 | 课程名称 | 课程内容 | 课时 |
|---|---|---|---|---|
| 第七章<br>App界面动效设计 | 第6周 | App交互设计基础 | ➢ 定义<br>➢ App 设计中的交互动画 | 2课时 |
| | | App按钮创意演绎设计 | ➢ App 按钮创意演绎动效设计<br>➢ 创意演绎动效实例——"汇·集App" 按钮演绎动画 | 2课时 |
| | | 手机充电动效设计 | ➢ 手机快充动效<br>➢ 手机快充动效制作流程 | 2课时 |
| | | App界面动效设计 | ➢ App 界面动效实例——"0" MUSIC 音乐 App 界面<br>➢ "0" MUSIC 音乐 App 动效制作流程 | 2课时 |
| 第八章<br>大屏数据可视化动效设计 | 第7周 | 数据可视化设计基础 | ➢ 数据可视化的定义<br>➢ 数据可视化动效设计的分类<br>➢ 数据可视化动效设计的价值体现<br>➢ 大屏数据可视化设计流程 | 2课时 |
| | | "智能全球金融动态"数据可视化大屏实例 | ➢ 数据大屏界面设计<br>➢ "智能全球金融动态"大屏制作流程 | 6课时 |
| 第九章<br>影视特效设计 | 第8周 | 影视特效设计基础 | ➢ 影视特效合成的常用技术<br>➢ After Effects 影视特效合成常用技术手段 | 1课时 |
| | | After Effects跟踪特效案例 | ➢ 一点跟踪技术——添加特效元素<br>➢ 一点跟踪技术——"开天眼"特效制作流程<br>➢ 四点跟踪技术——替换屏幕 | 2课时 |
| | | After Effects面部跟踪特效案例 | ➢ 面部跟踪技术——角色美颜<br>➢ 角色美颜制作流程 | 2课时 |
| | | 摄影机反求特效高级案例 | ➢ 摄影机反求跟踪技术——桌面飞船<br>➢ Element 3D 插件基础<br>➢ 桌面飞船制作流程 | 3课时 |

续表

| 章 | 周数 | 课程名称 | 课程内容 | 课时 |
|---|---|---|---|---|
| 第十章<br>MG虚拟数字人动画<br>高级实例 | 第9周 | MG虚拟数字人动画基础 | ➢ 关于 MG 动画的风格<br>➢ MG 动画常用技术 | 3课时 |
| | | MG虚拟数字人动画实例 | ➢ Illustrator 绘制矢量角色<br>➢ MG 动画——Deekay Tool 插件身体运动动画<br>➢ MG 动画——Joysticks'n Sliders 插件面部表情动画 | 5课时 |

第一章

# 动态美学与动态设计

## | 教学目标 |

本章旨在使学生全面理解动态美学的核心概念、发展历程及实践价值，通过阐述动态美学的内涵、特征及其对人类感知与认知的影响，从而培养学生的动态设计思维与审美能力。

## | 教学重点 |

1.学习动态美学的定义、发展历程、视觉表现优势，以及动态美学审美下的动态设计和动效设计。

2.掌握动态美学在设计中的应用原则和方法，培养学生的审美能力和设计思维，为深入学习动效设计奠定坚实基础。

## | 推荐阅读 |

[1]吴洁，张屹南.动态媒体设计[M].南京：江苏凤凰美术出版社，2024.
[2]伊恩·克鲁克，彼得·比尔.动态图形设计基础 从理论到实践[M].王洵，译.北京：中国青年出版社，2017.

## | 教学实践 |

为了评估学生对动态美学概念的掌握程度，我们将采用思考题与实践作业相结合的方式。在课堂上，通过系统地讲解，使学生全面掌握动态美学的基础理论及实践技法。为了加强理论与实践相结合，教学实践环节特别设计了从静态设计到动态设计的随堂练习，旨在引导学生完成从静态到动态的创意转换。最后，通过项目评审与展示，不仅能够有效检验学生的学习成果，还能进一步提升实践能力。

**本章知识要点:**

在传媒技术的升级和行业竞争的内驱推动下,设计师逐渐从静态的视觉设计逐步迭代到了动态的视觉设计上,也促进了动态美学(Dynamic Aesthetics)的发展。动态美学强调视觉元素在时间维度上的演变,使信息传递更具节奏感、层次感与叙事性。动态美学审美下延伸而出的动态设计相比静态设计在视觉表现上能够提供更多的动感、情感、层次和引导注意力的手段,从而使设计更加吸引人、更加有趣和富有表现力。通过本章的学习,读者将理解动态美学的基本概念、发展脉络及其在当代设计中的实践价值。

# 第一节　动态美学的定义及发展

## 一、动态美学的定义

动态美学是指通过时间性变化塑造视觉体验的一种美学范式。与传统静态美学不同,动态美学强调视觉元素在时间轴上的变化,利用运动、节奏、渐变、交互等方式,使观者在视觉感知过程中获得更强的沉浸感和情绪共鸣。

首先,动态美学将"时间"视为构成美感的重要维度。传统艺术常常将时间隐含于作品背后,而在动态美学中,时间被赋予了直接的表现意义。通过对连续运动的捕捉,艺术家和设计师能够展现出渐变、过渡、节奏等多种美学元素。例如,在电影、动画或舞蹈中,连续的镜头切换与肢体律动正是依靠时间的推移而产生层次分明的情感表达。观众在欣赏这些作品时,不仅感受到每一瞬间的美妙,更体会到整体叙事和情感流动带来的震撼效果。

其次,动态美学关注变化过程中的结构与秩序。运动并非简单的随机变化,而是蕴含着内在的逻辑和规律。设计师通过精心构思运动路径、光影变幻和空间布局,将零散的变化组织成具有整体感和节奏感的作品。这样的构图既有瞬间细节的雕琢,也有整体氛围的营造,形成了一种"活着的"艺术效果。无论是在数字媒体设计中实现流畅的动效过渡,还是在建筑装置中利用光影演绎空间情调,都体现了动态美学对形式与内容有机统一的追求。

最后,动态美学强调观者与作品之间的互动性。在传统美学中,观众往往被动接受艺术家传达的静态美感，而在动态美学的视角下，观者可以通过操作、参与甚至创造，直接介入作品的动态变化中。

动态美学作为一种融合运动、时间、结构与情感的新兴审美范式，既拓宽了我们对美的理解，也为现代艺术创作和设计实践提供了全新的视角和方法，其内在价值和外在表现正不断推动着时代审美观念的变革与创新。

> **⊘ 扩展知识**
>
> 动态美学影响下的动态设计与动效设计存在着内在联系和层次分明的关系。动态美学侧重于探讨运动、时间与变化中蕴含的审美价值，着眼于形式与情感在流转过程中的交融和冲击，强调体验中瞬间美感的捕捉。动态设计则在此基础上，将动态理念融入整体构思与布局，通过节奏、过渡及空间变换实现信息传达与情感表达，使设计更具生命力与互动性。动效设计作为动态设计的重要环节，注重细节处理和动画表现，借助精心设计的动画、过渡效果及交互反馈，提升用户体验。三者相辅相成，动态美学提供理论支持与美感原则，动态设计负责整体规划与策略构建，而动效设计则在具体实施中实现情感表达。

## 二、动态美学的发展

### 1. 动态美学观念的孕育期

动态美学观念的孕育期可以追溯到原始时代，原始人在岩石上描绘出了动物奔跑的各种形态，甚至试图通过一个动物身体上的多只脚来表现动物的快速奔跑。要想真实地表现运动，就需要使用一种媒介，使其表现的内容能随着时间推移而迅速发生变化。对工业时代以前的人来说这无疑是一件十分困难的事情，但是当时的发明者也在不断努力，并进行了一些有益的尝试，如古代中国人发明了皮影戏和走马灯，在运动表现上虽然十分笨拙和不完善，但却可能是人类历史上最早实现能让表现内容随着时间流逝而发生变化的一种媒介。

随着文艺复兴时期的到来，欧洲人在科学和人文方面的创造力经过中世纪的压制之后被解放出来，开始出现各种各样的设计发明，其中有一些是能产生运动幻觉的光学娱乐器具。17世纪，德国学者阿塔纳斯·珂雪（Athanasius Kircher）在他1671年出版的《伟大的光影魔术》（*Ars Magna Lucis et Umbrae*）中描写了一个幻灯装置

（Magic Lantern）。这个装置有一个转盘和一个观看系统，转盘上有许多小图像，通过一个透镜系统，观看的人可以看到放大的图像（图1-1）。通过使用聚光镜将人造光聚焦到载玻片上，然后光线通过物镜系统，将载玻片图像的放大版本投射到屏幕上或墙壁上。这个器具类似于后来的投影仪，可以说是电影放映机的雏形。

1824年，英国伦敦大学教授皮特·马克·罗杰特（Peter Mark Rogert）在他的研究报告《移动物体的视觉暂留现象》中提出了视觉暂留现象的理论，这一理论很快催生了形形色色的光学器具，法国人保罗·罗盖（Paul Rogay）在1828年发明了留影盘，它是一个在两面穿过绳子的圆盘，圆盘的一面画了一只鸟，另一面画了一个空笼子，当圆盘旋转时，由于视觉暂留现象，人就可以看到鸟在笼子里出现的错觉。1832年，比利时物理学家约瑟夫·普拉托（Joseph Plateau）利用视觉暂留的原理发明了"诡盘"（Phenakistiscope）（图1-2），这种玩具由固定在一根轴上的两块圆形硬纸盘构成，在前面的纸盘的圆周中间刻上一定数目的空格，后面的纸盘绘上一个个人的连续动作画面，用手旋转后面的纸盘，透过空格观看，本来静止的连续动作就会融合在一起产生连续的动态。

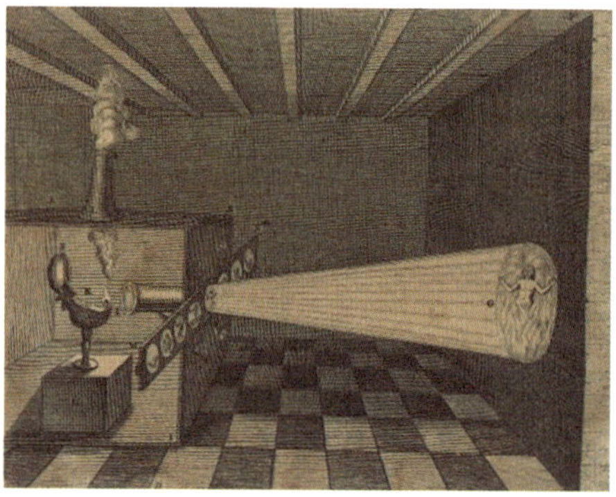

图1-1　幻灯装置

图1-2　诡盘

### 2. 动态美学的萌芽期

19世纪末电影的发明，使人类获得一种全新的能记录和表现运动图形的技法。无声电影时代，在影片的片头、片尾、片中会用字幕和图形相结合的设计方法介绍片名和剧情衔接。这种做法使静态画面通过设计手法展现出运动的韵律和节奏，为后来的动态视觉表达奠定了基础。

20世纪20年代，还出现了对动态美学产生一定影响的电影运动——先锋派电影运动。他们认为电影最大的直观特性就在于能使静态的画面产生运动。因此，一些画家将绘画中达达主义、立体主义、构成主义的观念引入电影创作中，创作了一些强调电影的纯视觉性但反传统叙事结构的电影。如抽象派画家汉斯·里希特（Hans Richter）以一系列黑、白、灰三色正方形和长方形的变化和跳跃为内容拍摄了《节奏21》（1921）、《节奏23》（1923）、《节奏25》（1925）和《电影研究》（1926）；瑞典达达主义画家维京·埃格林（Viking Eggeling）1924年在德国拍摄了《对角线交响乐》等。这一类先锋派影片通常以线条、图形的规律性变化，视觉形象的转换为主要内容，充分体现了动态美学中运动和时间的核心特质。

这一时期，虽然动态美学尚处于探索阶段，但艺术家和理论家们已开始系统地讨论时间、运动与审美体验之间的关系，这一阶段的电影不仅是技术上的革新，更成为探索和表达运动美感的重要媒介，标志着动态美学理念的初步形成与发展。这些试验性的视觉表达为后来的电影艺术及更广泛的动态美学研究提供了宝贵的经验和启示。

### 3. 动态美学的发展期

20世纪50年代，动态图形设计迅速发展，并逐渐成为表现运动美感的重要艺术形式，这一时期也是动态美学理念逐步成熟的重要阶段。电影业的蓬勃发展，为动态图形设计提供了广阔的实验与实践空间。许多才华横溢的设计师开始涉足电影片头设计，不再将其视为简单的附属字幕，而是通过精心构思和设计，将电影片头提升为独立的艺术作品。这样的设计突破，使影片在传递信息的同时，也展现出鲜明的动态视觉效果和艺术魅力，从而奠定了现代动态图形设计的基本形式，标志着完整意义上现代动态美学的开端。

20世纪60年代，随着电视媒介的逐步普及，动态图形设计迎来了新的发展机遇。当时，美国主要由美国全国广播公司（National Broadcasting Company，NBC）、哥伦比亚广播公司（Columbia Broadcasting System，CBS）和美国广播公司（American Broadcasting Company，ABC）三大电视台主导电视节目市场，正值企业形象识别系统在西方蓬勃发展。这些电视台在屏幕上采用独特的频道标志系统，通过动态设计手法，不仅有效区分了不同频道，还利用电视这一媒介的特性，创造出富有节奏感和动感的视觉体验。在这一背景下，设计师哈瑞·马克斯（Harry Marks）率先提出了"动态标志"的创意，他的创新理念为电视行业动态图形设计的发展注入了新的活力，并对动态美学的形成产生了深远影响。

随着卫星电视的兴起及频道数量的不断增多，各电视台为了塑造独特的品牌形象，纷纷采用频道ID设计等方式，使电视动态美学在视觉传达中的应用更加广泛和多样化。观众在日常生活中通过电视接触到大量动态视觉信息，动态美学逐渐融入到公众的视觉体验中，成为现代设计与艺术的重要组成部分。经过20世纪80~90年代第一代动态图形设计师的不懈努力，动态图形设计作为一种独立的设计艺术形式得到了正式确立，并为后续数字媒体和互动设计领域的发展奠定了坚实基础。

20世纪中后期的这一发展阶段，不仅推动了电影和电视领域中动态美学的广泛应用，也促使设计师们不断探索运动、时间与视觉表达之间的关系，为现代动态图形设计及动态美学理论的丰富和完善提供了宝贵的实践经验。

### 4. 动态美学的繁荣期

进入21世纪，随着计算机技术的迅速迭代和数字媒体平台的多元化发展，动态设计迎来了前所未有的繁荣期，也标志着动态美学理念的全面成熟。最初，动态图形设计主要在影视和广告制作中得到应用，随着技术与创意的不断融合，其影响范围迅速扩展到网页设计、游戏制作、交互设计等多个领域。动态设计已由早期默默无闻的"隐形艺术"转变为当代大众传媒中不可或缺的视觉语言，其核心价值在于通过动态表达突破传统静态设计的局限，为观众提供更为丰富和高效的信息传递体验。这也是为何动态图形设计在最近十多年间，突然引起广大设计师和研究者关注的重要原因之一。

动态图形设计的发展依赖于显示媒介的不断进化。电影屏幕是推动动态图形设计出现的第一块屏幕，电视的普及则使动态图形设计真正进入大众生活。然而，这两种媒介均存在一定的局限：电影屏幕尺寸虽大，但受限于影院场景，应用时间和范围有限；电视由于当时采用阴极射线管（Cathode Ray Tube，CRT），屏幕尺寸受限，观看人数受到限制，即便拼接多个屏幕形成电视墙，也因边框分割影响视觉体验，并且在体积和能耗方面存在先天不足。这些因素制约了动态图形设计在更广泛环境中的应用。

随着互联网的兴起和个人电脑的普及，动态图形设计与动态美学理念的结合迎来了新的契机。第三块屏幕——计算机显示器的出现，为动态图形设计提供了更加灵活的创作和传播平台。同时，LED等显示技术的飞速发展，使屏幕不仅可以被制造得更大、更高清，还可以变得更加小巧便携，且成本迅速降低。这一技术进步催生了各类大型LED显示屏和个人移动终端的广泛应用。例如，智能手机、智能手表、展会互动屏幕、商场广告大屏等在各种场合普及，使动态美学理念得以深入到日常生活的方方面面，极大地增强了动态图形设计的影响力。

动态美学理念的繁荣不仅依赖于技术和媒介的进步，也与社会经济和文化环境的变化密不可分。信息时代的到来使资讯的产生速度远超以往，人们的时间越来越碎片化，迫切需要在有限时间内获取更多信息，以适应现代社会的快节奏交流与沟通需求。在这一背景下，动态图形设计凭借动态美学的优势，能够在短时间内传递更丰富的信息，具备更高的信息推送效率。此外，受众在日常生活中面对大量信息轰炸、各类信息相互干扰，使信息传播变得更加复杂。在这种情况下，动态图形设计结合声音、动画、色彩和节奏等动态视觉元素，使信息能够更具吸引力，更容易突破干扰，引起受众的关注。

当前，我们正处在动态图形设计与动态美学理念融合发展的黄金时期，并不断见证着新技术的涌现。虚拟现实（VR）和增强现实（AR）等沉浸式技术的发展，使动态图形设计在视觉体验上达到了新的高度，为受众提供更加身临其境的信息交互方式。此外，人工智能（AI）与动态图形设计的结合所带来的动态审美意识，也推动了更加智能化、个性化的视觉体验。未来，随着科技的进步和人类文明的演进，动态图形设计将继续深化动态美学理念，拓展更广阔的应用领域，进一步增强其在信息传播和艺术创作中的影响力（图1-3）。

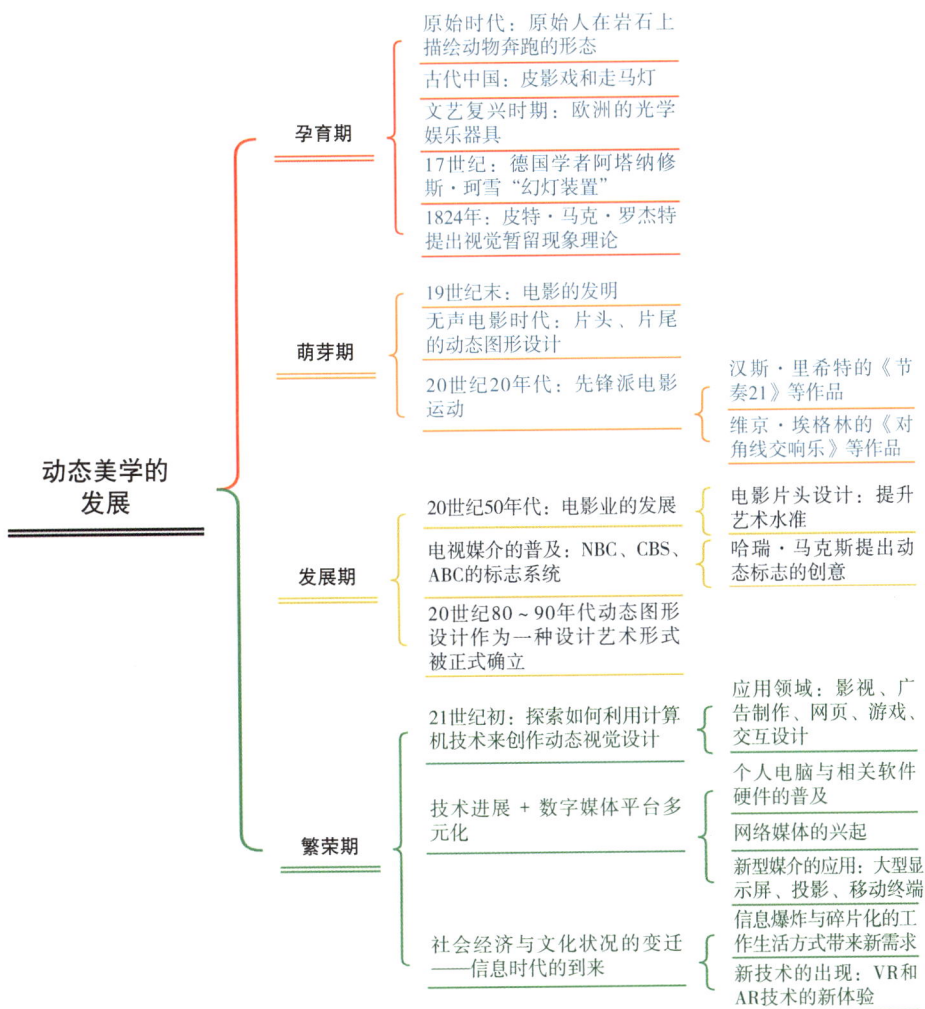

图1-3 动态美学的发展历程

# 第二节 动态设计的定义与分类

## 一、动态设计的定义

动态设计（Motion Design）是在动态美学的审美意识影响下发展起来的一种视觉表现形式，是一种结合了平面设计、动画技术和视听语言的视觉表现形式，它通过时间维度引入运动、节奏和变化，使静态元素动态化，以增强信息传达的效率和视觉冲击力。动态图形设计不同于传统的影视动画，它更强调设计感、叙事性和信息传递的精准性，被广泛应用于电影片头、广告、品牌标识、UI界面、社交媒体、数据可视化等多个领域。

## 二、动态设计的分类

动态设计根据其应用领域和形式的不同可分为以下六类。

### 1. 媒体和广告设计中的动态设计

媒体和广告设计中的动态设计旨在吸引观众的注意力，提高内容的吸引力。其中包括动态平面设计、品牌标识动态设计等。媒体和广告设计中的动态设计的优势在于动态平面设计和品牌标识动态设计都能够引起观众的好奇心和兴趣，从而提高广告效果和品牌知名度。

动态平面设计是指在动态平面设计中，品牌使用动画和互动元素来创作有趣、引人注目的平面广告，例如动态海报和广告横幅。这种设计可以使品牌广告在竞争激烈的市场中脱颖而出，引起观众的关注。

品牌标识动态设计包括品牌标志的动画和标识符的动态变化，这种设计可以提高品牌的可识别性，与受众建立更深层次的互动，可以使品牌更加活跃和有活力，增强品牌形象的视觉吸引力。

### 2. 影视特效动态设计

影视特效动态设计是用于电影、电视和游戏视频中的视觉效果创作。它包括特效场景、角色动画和特技元素，以增强视觉冲击力和娱乐性。其优势在于，影视特效动态设计可以创造出令人难以置信的视觉效果，增强了电影、电视和游戏视频的视觉吸引力。通过动态特效，观众能够身临其境地感受到虚构世界中的奇幻和创意，提高娱乐体验。动态特效还可以实现那些在现实世界中无法实现的场景和动作，丰富画面内容。

例如，电影《复仇者联盟》中的动态特效设计使用计算机生成的特效来呈现超级英雄的超能力，如钢铁侠的飞行、蜘蛛侠的蛛丝能力和绿巨人的变身。这些特效让观众沉浸在奇幻的超级英雄世界中，为电影带来了视觉上的震撼。

### 3. UI及交互动态设计

UI动态设计用于提高用户界面的吸引力和交互性。它包括按钮动画、界面过渡、实时反馈和交互元素的动态效果，以增强用户体验。其优势在于，UI动态设计提高了用户界面中的的吸引力和交互性。动态元素使用户界面更有趣、生动，吸引用户的眼球并提供愉悦的界面体验。过渡动画和按钮效果可以使界面变得更流畅和直观，帮助用户更容易地导航和操作应用程序。这种设计提高了用户的满意度，促使他们更频繁地与应用程序互动，提高了用户的参与度和忠诚度，从而增强了应用的竞争力。

举例来说，Netflix是一个典型的动态设计案例。该视频流媒体平台综合用户的观看历史、评级和喜好数据，以动态方式为用户推荐电影和电视节目。这一推荐系统不断调整推荐内容，以满足用户不断变化的兴趣点。通过这种方式，Netflix提高了用户满意度，增加了用户留存率，使其成为流媒体市场的领导者之一。

同时，手机应用界面是一个UI动态设计的典型应用领域（图1-4）。手机应用使用动态元素来增强用户界面的互动性，例如，通过过渡动画来平滑切换页面，或通过按钮的微交互效果来提高用户的点击体验。这些动态设计元素可以让用户感到更加流畅和愉悦，增加了应用的吸引力。

图1-4 UI动态设计

### 4. 游戏设计中的动态设计

游戏设计中的动态设计旨在创造丰富的游戏世界和增强与玩家的互动性，以吸引玩家的注意力。这包括游戏中的动态事件、角色互动和随机化元素，为玩家提供挑战和乐趣。

其优势在于，游戏设计中的动态设计使游戏变得更加生动和有趣。动态事件和角色互动增加了游戏的挑战性和复杂性，使玩家充满好奇心，不断探索游戏世界。这种设计使游戏更具深度和可玩性，增加了玩家的投入感和满足感，从而提高了游戏的娱乐价值。

以《荒野大镖客》为例，这款开放世界游戏中的动态设计允许玩家在游戏中自由探索，遇到各种动态事件，如突发事件、野生动物行为和随机遭遇。这些事件的发生是动态的，受游戏内外因素的影响，使游戏体验充满变化和惊喜。

### 5. 数据可视化中的动态设计

数据可视化中的动态设计旨在通过动态元素来传达数据的趋势和变化，使数据更具可理解性。这包括实时数据更新、图表动画和交互性元素。

其优势在于，数据可视化中的动态设计有助于更好地传达数据趋势和变化。动态元素可以使数据更生动、易于理解，并帮助用户更好地分析信息。实时数据更新和图表动画提供了及时的信息，有助于用户做出明智的决策，提高了数据可视化的实用性和效果。

一个典型案例是实时数据可视化。金融机构等使用动态图表来跟踪市场价格和交易活动，这些图表会动态更新，以便相关人员能够随时了解市场变化（图1-5）。这种动态设计不仅提供了实时信息，还提高了数据可视化的吸引力和可用性。

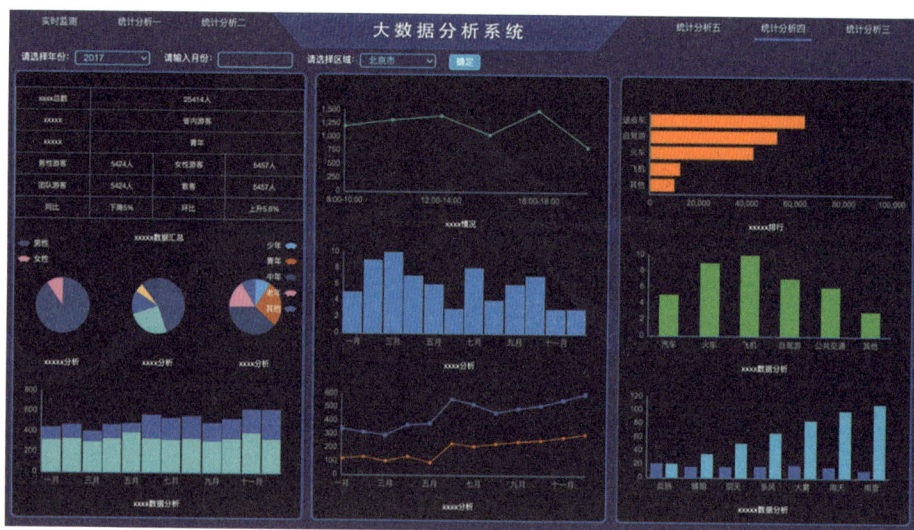

图1-5 动态图表

### 6. 交互式应用设计

交互式应用设计旨在创建具有用户互动性的应用程序，从而提供更丰富的用户体验。这包括社交媒体互动应用、游戏应用和实时聊天应用。

其优势在于，交互式应用设计增加了用户互动性，提供了更丰富的用户体验。社交媒体互动应用、游戏应用和实时聊天应用通过动态设计元素，如滤镜、实时聊天和互动功能，吸引用户的互动和参与。这种设计使应用更具吸引力，用户更愿意增加使用时长，提高了用户留存率和活跃度。

# 第三节  当今动态设计的主流形态与行业影响

当下，展示载体已经是以数字显示屏为主的时代，随处可见的巨屏、大屏、个人移动终端设备成为主流，数字屏的优势就是集影、视、听一体化，在其上呈现的内容自然需要更有感染力的动态影像。动态影像区别于传统的静态平面视觉，更多以动态平面设计方式呈现，大大突破了传统纸媒的静态束缚，提升了信息传达饱和度、艺术欣赏维度和感受体验。所以，动态设计不仅是一种视觉艺术形式，还是一种交流方式、一种技术、一种可以极大影响用户体验和行为的工具。

## 一、当今动态设计的主流形态

### 1. 平面设计动态化

平面设计动态化包括动态平面设计和动态品牌VI设计两大主流。

动态平面设计是一种结合了传统平面设计元素与动态视觉效果的设计方法，是指在时间轴上展开的平面设计，它通过动态变化的视觉元素来传达信息、讲述故事或表达情感。与传统的静态平面设计相比，动态平面设计利用时间和运动的维度，为观众提供了更为丰富和互动的视觉体验，它在数字媒体和互联网的背景下得到了快速发展。

品牌VI的动态化是近年来的一个发展趋势。动态品牌VI超越了静态的标志和图形，最开始只是Logo的动态化演绎，在吸引视觉的同时，能更好地通过动画展现品牌Logo的内涵、寓意甚至品牌进化过程等；后来逐步扩大到VI领域，它包括辅助图形的动态化演绎、应用系统、识别系统的动态化等，最具代表性的就是各大电视频道的频道包装识别系统的动态设计；再后来逐步扩张到整个平面设计领域，它包括传统平面设计系列的全面动态化，融入动画、视频、交互式界面，甚至是增强现实体验。这些元素共同工作，传达品牌的故事和价值观。动态VI使品牌能够在不同的上下文中保持一致性和识别度，同时也提供了更丰富的用户互动。

### 2. 视觉特效设计

视觉特效设计是动态设计领域中的一种高度专业化形态，它涉及在电影、电视、游戏视频以及其他多媒体作品中创造或操纵图像的过程。视觉特效（Visual Special Effects，VFX）的目的是在现实无法捕捉或过于昂贵、危险、不可能或不切实际的情况下，创造出令人信服的图像。随着计算机图形技术的发展，视觉特效设计已经成为许多行业不可或缺的一部分，主要包括电影与电视制作、游戏视觉和广告行业等领域。

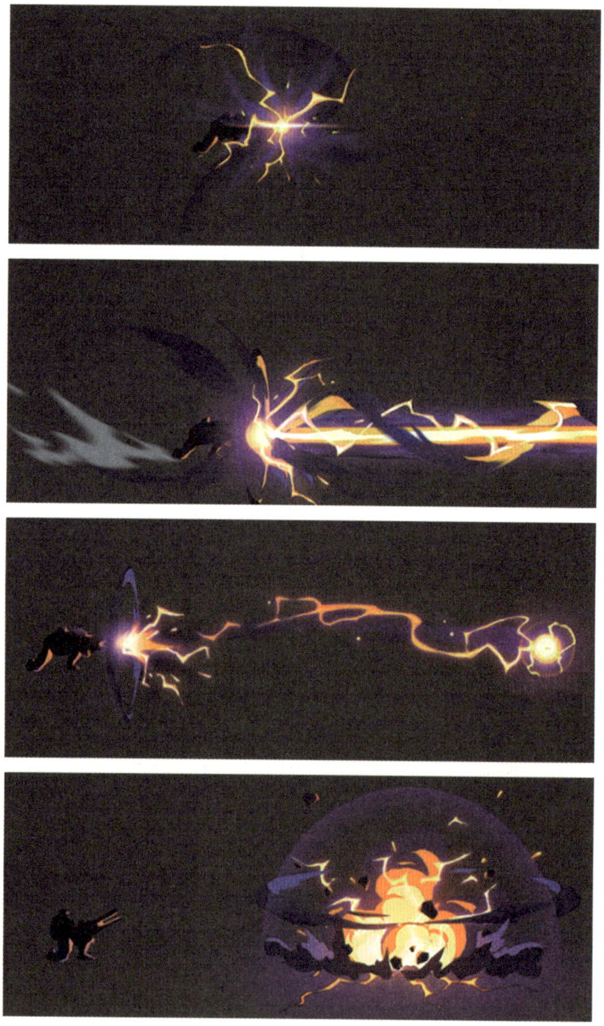

在电影与电视制作方面，视觉特效设计使电影和电视制作人能够实现他们的创意愿景，创造出观众前所未见的场景和角色。这不仅提升了电影叙事的深度，也为观众带来了更加沉浸和震撼的观影体验。

在游戏行业，视觉特效设计提高了游戏的真实感和吸引力，使游戏世界和角色更加具有视觉冲击力生动（图1-6）。这增强了玩家的沉浸感，使游戏体验更加丰富和多样化。

视觉特效设计在广告行业中的应用，可以帮助创造出引人注目的广告（图1-7），从而在短时间

图1-6 游戏特效设计

内传达品牌信息并给观众留下深刻印象。

### 3. 微交互设计

微交互（Microin Terac-tions）设计是动态设计中的一种微妙而强大的形态。它专注于设计小规模的交互动作，如切换控制、状态变化或用户行为的即时反馈。这些微小的动态效果虽然不起眼，但却能极大地提升用户体验，使产品更加直观和人性化。例如，滑动解锁手机屏幕的动画，或者是调整设置时的即时反馈，都是微交互设计的实例。

图1-7　广告特效设计

### 4. 交互式数据可视化

随着大数据时代的到来，交互式数据可视化成为动态设计的一个重要分支（图1-8）。它通过动态图表、地图和图形，将复杂的数据集转化为易于理解和操作的视觉表示。这种形态的设计不仅使数据更加易于消化，而且通过交互性增加了用户的参与度。例如，用户可以通过点击或滑动来探索不同的数据维度，从而获得个性化的信息。

图1-8　交互式数据可视化

这些主流形态的动态设计不仅改变了行业内人们与数字产品的互动方式，而且也塑造了人们的交互行为和期望。用户期望在交互式数据中有更高水平的参与度和个性化体验，这对设计师来说既是挑战也是机遇。

## 二、当今动态设计对行业的影响

### 1. 平面设计动态化的行业影响

在广告与营销方面，动态平面设计和动态品牌VI的兴起，使广告和营销行业必须重新思考如何吸引和保持消费者的注意力。动态内容在社交媒体和在线平台上的表现更佳，因此品牌正在转向更多的动态广告，以提高用户的参与度和记忆点。

在企业品牌建设方面，企业需要将动态设计融入其品牌建设中，以展示其创新和现代化的形象。动态品牌VI的应用使品牌形象更加生动和有记忆点，增强了品牌识别度。品牌需要在保持一致性的同时，展现出足够的灵活性和动态性，以适应不同的媒介和触点。这对品牌管理和设计行业产生了深远的影响，要求品牌策略师和设计师具备更高的创意思维和技术实施能力。设计师不仅要创造视觉上吸引人的动态效果，还要确保这些效果能够在不同的平台和设备上保持品牌的核心价值和识别度。

在设计教育方面，设计学院和教育机构正在更新课程，课程需要融入动态设计的教学，以确保学生能够掌握当前市场所需的技能。动态平面设计的普及提升了视觉传达的动态性和互动性，这要求设计师不仅要掌握传统的平面设计技能，还要了解动画和时间序列的设计原理。

### 2. 视觉特效设计的行业影响

在电影与娱乐方面，视觉特效设计已成为电影和电视制作不可或缺的一部分，它不仅增加了叙事的可能性，也提高了制作的质量和观众的期待值。

在游戏开发方面，视觉特效技术的进步极大地推动了游戏行业的发展，游戏设计师能够创造出更加真实和沉浸的游戏世界，提升了玩家的游戏体验。

在教育与培训方面，随着视觉特效的普及，相关的专业教育和培训需求也在增加，学校相关专业课程和在线课程都在增加视觉特效设计的内容。

### 3. 微交互设计的行业影响

在用户体验设计方面，微交互设计的普及使设计师必须更加关注细节，以创造更加精细和人性化的用户界面。

在产品开发方面，微交互设计的应用提高了产品的竞争力，因为它可以显著提升用户的满意度和忠诚度。

在技术创新方面，微交互设计推动了新技术的开发，如触觉反馈和动态界面元素，这些技术使用户与设备的互动更加直观和愉悦。

### 4. 交互式数据可视化的行业影响

在数据分析方面，交互式数据可视化工具的发展使数据分析师能够更有效地解释和展示数据，提高了决策的质量和速度。

在商业智能方面，企业正在利用交互式数据可视化来提升商业智能，通过更好的数据展示和分析来优化业务决策。

在教育与培训方面，数据科学和分析的教育课程要站在交叉学科的视角，增加交互式数据可视化的内容，以帮助学生更好地理解和利用数据。

总之，动态设计的主流形态不仅丰富了我们的视觉文化，也推动了设计思维的进步。设计师需要不断学习新的工具和技术，同时也要深入理解用户的需求和心理，以创造出既美观又实用的动态设计作品。随着技术的不断发展，动态设计的未来将会更加多元化和深入人心，它将继续在创新的道路上引领设计的潮流。

#### ● 思考与练习

1. 动态设计相比静态设计在传达信息和表达情感上的优势何在？

2. 在当今数字化媒体环境中，动态设计如何影响用户体验？

3. 选择一个静态设计作品，例如一张海报或一幅插画，尝试将其改编为动态设计作品。思考如何利用动画、过渡和互动元素，使设计作品在视觉上更能够吸引观众的注意力。

第二章

动效设计与
动效技术

## 教学目标

　　使学生全面理解动效设计的基本概念、发展历程及其在多领域（数字媒体、影视、游戏）的广泛应用。通过深入学习，使学生了解效设计与制作的基本原理与技术，包括动画的核心原理、视觉设计的关键原则以及交互逻辑的重要方面，从而培养起对动效设计与实践的能力。

## 教学重点

　　1.动效设计的定义和对其发展历程的梳理，以及动效技术在不同领域中的具体应用案例分析。
　　2.强调动效制作的基本原理与技术，特别是动画原理、视觉设计原则（如对比、节奏、平衡等）和交互逻辑（如用户反馈、操作流畅性等）的讲解与实践。

## 推荐阅读

　　[1]奥斯汀·肖. 动态视觉艺术设计[M]. 陈莹婷，卢佳，王雅慧，译. 北京：清华大学出版社，2018.
　　[2]克里斯·杰克逊. After Effects动态设计　MG动画+UI动效[M]. 隋奕，译. 北京：人民邮电出版社，2020.

## 教学实践

　　围绕动效技术的实际应用展开，要求学生分组完成一个小型动效设计项目。从项目策划、素材准备到动画制作、关键技术、后期调整，全程分析技术流程，以加深学生对动效制作的理解。

**本章知识要点:**

  本章详细阐述了动效设计的定义、发展历程以及在数字媒体、影视和游戏领域的应用情况。同时,还介绍了动效制作的基本原理与技术,包括动画原理、视觉设计原则和交互逻辑等方面。通过本章的学习,读者可以全面了解动效设计与动效技术的相关知识和应用技巧,为后续的学习和实践打下坚实的基础。

# 第一节 动效设计与动效技术的定义和发展

## 一、动效设计的定义

  动效设计(Motion Design)是在动态美学的理论指导下,以运动为核心设计元素,结合时间、空间、节奏等要素,使视觉元素产生动态变化,从而提升用户体验和信息传达效率的一种设计形式。它广泛应用于用户界面(UI)和用户体验(UX)交互设计、品牌视觉、广告、影视、网页设计、数据可视化等领域。动效设计不仅关注美学表达,更强调功能性,通过合理的动画过渡、视觉反馈和交互引导,使信息传递更加直观、流畅,并增强用户对内容的理解和沉浸感。

  与传统影视动画不同,动效设计更强调设计感和交互性,其表现形式既可以是独立的品牌宣传作品,也可以嵌入到应用界面、网站、社交媒体、数据可视化以及VR和AR等多种场景中。通过合理的动效设计,不仅能够使信息传递更直观、流畅,还能在瞬间吸引用户的注意力,提高传播效果和用户参与度。

## 二、动效技术的定义

  动效技术全称为动态效果技术(Dynamic Effects Technology),是一种结合了动画、视觉设计、交互技术等多领域知识的综合性技术。它通过对视觉元素进行动态化处理,创造出随时间变化而展现出不同状态或行为的视觉效果。这些技术通过模拟真实世界的物理特性,如运动、光效和声音,增强视觉内容的真实感和吸引力。设计旨在提升用户体验、增强视觉吸引力,并有效地传达信息。动效技术广泛应用于数字媒体、影视制作、游戏开发、UI设计等多个领域,成为现代设计中不可或缺的一部分。

通过动效技术，设计师可以创造出具有叙事性的、表演性的、生命力的视觉作品，使观众在观赏过程中获得区别于静态视觉的、动态的、带有一定叙事性的、更加沉浸和丰富的体验。

### 扩展知识

动效技术不仅限于动画，它融合了动画设计、交互逻辑与实时渲染，能够模拟真实世界的物理现象，如流体运动、光影变化等，为用户带来高度逼真的沉浸体验。在数字媒体领域，动效技术支持下的动效设计让信息传达更直观高效，增强了用户与界面的互动性。此外，它还促进了故事讲述的多样化，让视觉内容更具层次感和情感深度，是现代设计创新的重要驱动力。

## 三、动效技术的发展

动效技术的持续革新不断推动着动效设计的发展，而动效设计的实践需求又反过来促进了动效技术的进步。两者相互促进、彼此成就，共同构成了一个良性互动的发展循环。动效技术的发展经历了从简单动画到复杂模拟的演变过程。早期的动效主要依赖于手绘动画和基础的计算机图形学。随着计算机技术的进步，动效技术逐渐引入了更高级的模拟算法和渲染技术，如粒子系统、流体动力学和软体模拟。

### 1. 萌芽期

动效技术的萌芽可以追溯到早期计算机图形学的兴起。随着计算机技术的快速发展，人们开始尝试使用计算机来生成和显示图像。20世纪60年代，计算机图形学作为一门独立的学科逐渐形成，为动效技术的发展奠定了基础。早期的动效技术主要集中在二维动画的制作上，如通过简单的帧动画来模拟物体的运动，设计师可以创建基于关键帧的二维动画。虽然画面较为简单，但已经能够实现基本的动态效果，如逐帧变化的简单角色动作。其中最具代表性的人物——索尔·巴斯（Saul Bass），他是平面设计家与美术制作师、动态图形的先驱、最早的片头设计师，为60部影片的美术设计和40部影片的片头进行了创意设计，其中包括《迷魂记》《桃色血案》《金臂人》等（图2-1）。

## 2. 成长期

20世纪80年代，随着计算机硬件性能的提升和图形处理技术的进步，动效技术开始进入快速成长期。这一时期，三维图形技术逐渐成熟，并应用于电影、游戏等领域。随着

图2-1 索尔·巴斯设计作品《迷魂记》《桃色血案》《金臂人》

3D Studio Max、Maya等三维建模与动画软件的兴起，三维动画和特效开始广泛应用。例如，皮克斯动画工作室使用其自主研发的RenderMan渲染器制作了《玩具总动员》（1995年），这是第一部完全使用计算机生成图像（Computer Generated Imaging，CGI）的长篇动画电影，标志着三维动画进入了一个全新的时代。在电影领域，工业光魔（Industrial Light and Magic，ILM）等特效公司开始利用CGI技术创造惊人的视觉效果，如《终结者2：审判日》（1991年）中的液态金属机器人T-1000。三维动画和特效的出现，极大地丰富了动效技术的表现形式，使视觉效果更加逼真和震撼。

随着互联网的兴起和普及，数字媒体开始成为动效技术的重要应用领域。网页动画、广告动画等形式的出现，使动效技术更加贴近人们的日常生活。

## 3. 繁荣期

进入21世纪，动效技术迎来了繁荣期。随着计算机技术的不断迭代和升级，动效制作工具越来越强大和便捷，例如实时渲染引擎、After Effects、C4D、Unity 3D、Unreal Engine、VR/AR技术等的全面爆发。同时，随着数字媒体、影视制作、游戏开发等领域的快速发展，对动效技术的需求也越来越大（图2-2）。动效技术不仅在这些领域得到了广泛应用，还逐渐渗透到教育、医疗、工业设计等多个领域。

此外，随着VR、AR等新兴技术的兴起，动效技术也迎来了新的发展机

图2-2 《烈火重生》 AI生成

遇。随着Oculus Rift、HTC Vive等VR头盔和ARKit、ARCore等AR平台的推出，动效技术开始融入虚拟现实和增强现实领域，为用户带来前所未有的沉浸式体验，例如，

通过VR技术体验的历史场景重现或在AR应用中与虚拟角色互动。这些技术为动效技术的发展提供了更加广阔的展示空间和更多的可能性，使动效作品可以更加沉浸式地呈现给观众（图2-3）。

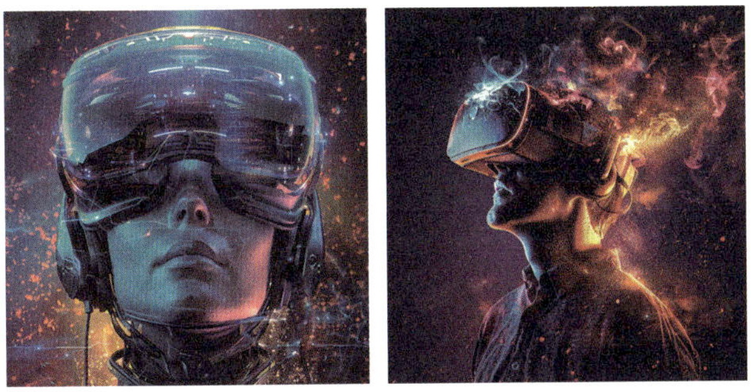

图2-3 《虚拟世界》 AI生成

# 第二节 动效技术在数字媒体、影视和游戏领域的应用

## 一、数字媒体领域的应用

在数字媒体领域，动效技术广泛应用于网页设计、移动应用设计、社交媒体设计等方面。通过动效技术，设计师可以创造出具有吸引力的动态界面和交互效果，提升用户体验和参与度。

### 1. 网页设计

在网页设计中，动效技术被用来制作各种动态元素和交互效果。例如，页面加载时的加载动画、滚动时的视差滚动效果、按钮点击时的反馈动画等。这些动效不仅使网页看起来更加生动有趣，还能引导用户的视线和注意力，提高页面的可读性和易用性。

### 2. 移动应用设计

在移动应用设计中，动效技术同样发挥着重要作用。通过动效技术，设计师可以制作出流畅自然的界面过渡和动画效果，提升应用的用户体验和吸引力。例如，应用启动时的加载动画、页面切换时的滑动效果、按钮点击时的震动反馈等。这些动效不仅使应用看起来更加精致和专业，还能增加用户的参与感和沉浸感（图2-4）。

### 3. 社交媒体设计

在社交媒体设计中，动效技术被用来制作各种有趣的动态表情（图2-5）、贴纸和滤镜等。这些动态元素不仅丰富了社交媒体的表达形式和内容，还增强了用户的互动性和参与感。例如，抖音、快手等短视频平台上的各种动态贴纸和滤镜就深受用户喜爱。

## 二、影视领域的应用

在影视领域，动效技术被广泛应用于电影、电视剧、动画等作品的制作中。通过动效技术，制作人员可以创造出各种逼真的特效和动画效果，提升作品的视觉冲击力和观赏性。

图2-4　手机App界面　AI生成

### 1. 特效制作

特效制作是动效技术在影视领域中最具代表性的应用之一。通过动效技术，制作人员可以创造出各种逼真的爆炸、火焰、水流等特效场景。这些特效不仅使影视作品看起来更加震撼和真实，还能增加观众的代入感和沉浸感。

图2-5　动态表情

### 2. 动画设计

动画设计也是动效技术在影视领域中的重要应用之一。通过动效技术，设计师可以制作出各种流畅的动画角色和场景。这些动画不仅具有高度的艺术性和观赏性，还能传达出丰富的情感和信息。例如，《疯狂动物城》《寻梦环游记》等动画电影就以其精美的动画设计和丰富的情感表达赢得了观众的喜爱。

### 3. 剪辑与调色

在影视剪辑和调色过程中，动效技术也发挥着重要作用。通过动效技术，剪辑师可以对影片进行更加精细和创意的处理。例如，通过时间重映射、色彩渐变、过渡效果等手段，使影片的节奏更加紧凑，情感表达更加细腻。同时，动效技术还可以用于制作影片的预告片和片头、片尾，通过炫酷的动效吸引观众的眼球，为影片增添更多看点。

### 三、游戏领域的应用

在游戏领域，动效技术是不可或缺的一部分，它贯穿于游戏开发的各个方面，从角色动画、场景特效到UI交互，都离不开动效技术的支持。

#### 1. 角色动画

角色动画是游戏中最直观、最吸引玩家的元素之一。通过动效技术，游戏设计师可以制作出栩栩如生的角色动作和表情。无论是角色的行走、奔跑、攻击还是其他互动行为，都需要通过动效技术来实现（图2-6）。优秀的角色动画不仅能让玩家感受到游戏的真实性和沉浸感，还能提升游戏的整体品质和吸引力。

#### 2. 场景特效

场景特效是游戏中营造氛围、增强代入感的重要手段。通过动效技术，游戏设计师可以创造出各种逼真的环境特效，如爆炸、烟雾、水流、光影等。这些特效不仅让游戏世界看起来更加生动和丰富，还能提升玩家的游戏体验。

图2-6 角色特效《蜕变》AI生成

#### 3. UI交互

UI交互是游戏设计中至关重要的一环。通过动效技术，设计师可以制作出直观、易用且富有吸引力的用户界面。例如，游戏中的菜单导航、按钮点击反馈、道具获取动画等都需要通过动效技术来实现。优秀的UI交互设计能够提升玩家的操作便捷性和游戏满意度，进而增加游戏玩家的留存率和活跃度。

# 第三节　动效制作的基本原理与技术

动效制作涉及多个方面的技术和原理，包括动画原理、视觉设计原则、交互逻辑等。下面将从这些方面详细介绍动效制作的基本原理与技术。

## 一、动画原理

动画原理是动效制作的基础，它涉及物体运动的基本规律、动作的节奏感和流畅性等方面，同时还包含镜头运动设计、动画表演等拓展理论。这些动画原理共同构成了动态设计的基础，使动画师能够创造出丰富多样、生动逼真的动画效果。在影视特效、UI动画、游戏设计等领域中，这些原理被广泛应用并不断发展和完善，具体涉及的技术包含以下四点。

### 1. 关键帧动画

关键帧动画是动画制作中常用的方法之一。它通过在动画序列中设置关键帧（即动画中的重要时间点），然后在这些关键帧之间插值生成中间帧，从而实现物体的连续运动。关键帧的选择和设置对于动画效果至关重要，它决定了动画的节奏感和表现力。这类动画的优势是可以创造复杂且具有动画师个人艺术表达思维的动画形式，常应用于片头或叙事性表达动画。

### 2. 运动函数

运动函数是控制动画速度变化的一种数学方法。它通过软件算法对动画时间进行非线性映射，使动画的运动过程更加符合自然规律或艺术表现需求。常见的运动函数包括线性运动、二次缓动、弹性运动等，它们可以应用于不同类型的动画效果中，以创造出更加生动和有趣的动画表现（图2-7），这类动画不借助数据量庞大的关键帧动画形式，具有数据量小、实时运算的动画效果，常应用于网页、界面UI等领域。

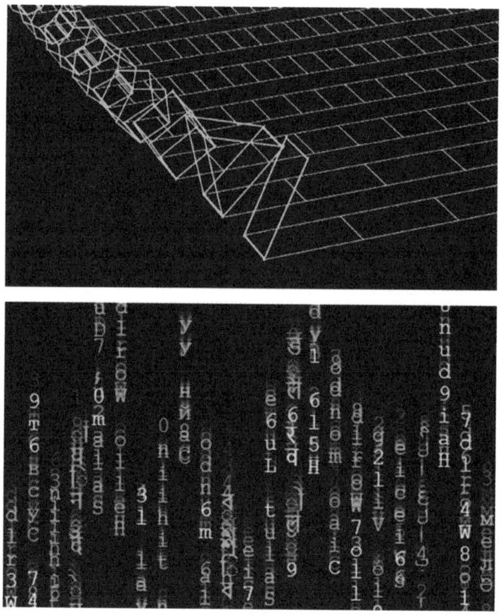

### 3. 物理模拟

在高级动画系统中，物理模拟被用来模拟真实世界中的物理行为，如重力、碰撞、摩擦力等，这可以增加动画的真实感和动态效果，也是对真实世界动画行为的还原。代表性的技术如刚体动力学（Rigid Body Dynamics）模拟刚性物体运动，软体动力学（Soft Body Dynamics）模拟形变物体动力学运动，流体动力学

图2-7 函数生成的动效画面

（Fluid Dynamics）模拟液体、气体等运动、布料模拟（Cloth Simulation）模拟织物形态的运动状态（图2-8），这些技术广泛应用于After Effects、C4D、Unity 3D、Unreal Engine以及3ds Max、Maya等软件中，可以实现物理状态的还原。

### 4. 粒子模拟

通过定义粒子的发射器、速度、寿命、形状等属性，可以生成逼真的动态效果，在高级动画系统中可以用来模拟如火、烟、雾、雨、爆炸、碎片等效果（图2-9）。粒子系统在动态设计中非常常见，用于增强视觉效果和吸引观众的注意力。

图2-8 "物理模拟动效" AI生成

这些物理模拟技术为动画师提供了强大的工具来创建更加真实和动态的动画效果。通过合理选择和运用这些技术，动画师可以制作出引人入胜、令人信服的动画场景。

图2-9 "粒子模拟动效" AI生成

## 二、视觉设计原则

视觉设计原则是动效制作中不可或缺的一部分。它涉及色彩搭配、构图布局、字体设计等方面，设计时需考虑动效在整体视觉风格中的协调性，确保动效与品牌形象或界面风格保持一致，对于提升动效作品的整体品质和吸引力具有重要意义（图2-10）。

图2-10 "视觉设计" AI生成

### 1. 色彩搭配

色彩是视觉设计中最直观的元素之一。合理的色彩搭配可以使动效作品更加醒目和具有吸引力。在设计动效时，需要根据作品的主题和风格选择合适的色彩搭配方案，以确保色彩之间的和谐与统一。同时，还需要注意色彩的情感表达和信息传递功能，通过色彩的运用来引导观众的情绪和注意力。

### 2. 构图布局

构图布局是视觉设计中的重要环节之一。它决定了动效作品中各个元素之间的空间关系和层次感。在设计动效时，需要根据作品的内容和目的进行合理的构图布局设计，以确保信息的清晰传达和视觉的美观呈现。同时，还需要注意保持构图的平衡性和节奏感，使动效作品在视觉上更加舒适和吸引人。

## 三、交互逻辑

交互逻辑是动效制作中涉及用户交互行为的部分。它涉及用户界面的操作流程、反馈机制等方面，对于提升用户体验和满意度具有重要意义。

### 1. 操作流程设计

操作流程设计是交互逻辑的核心内容之一。它涉及用户与界面之间的交互流程设计，包括用户的操作行为、界面的响应方式等方面。在设计动效时，需要根据用户的需求和行为习惯来制定合理的操作流程设计方案，以确保用户能够轻松、快捷地完成操作任务。同时，还需要注意保持操作流程的连贯性和一致性，以提高用户的操作效率和满意度（图2-11）。

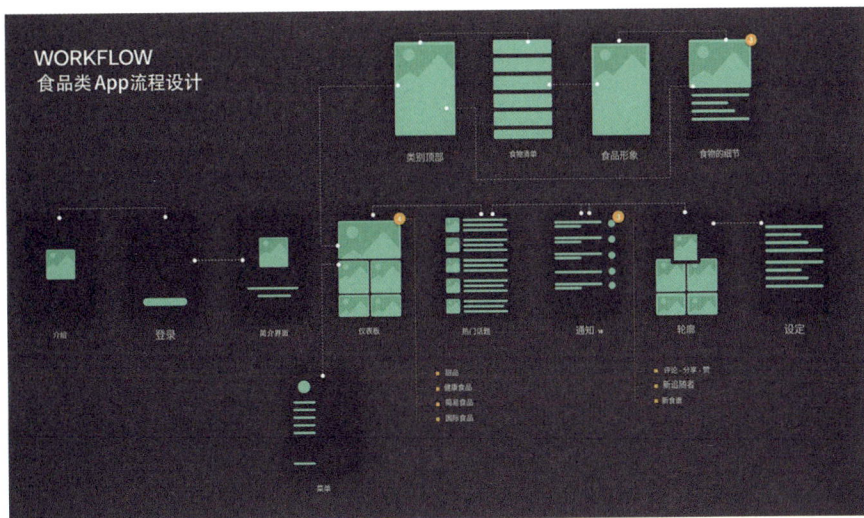

图2-11 操作流程设计

## 2. 反馈机制设计

反馈机制是交互逻辑中的重要组成部分之一。它涉及界面对用户操作的即时反馈设计，包括视觉反馈、听觉反馈等方面。在设计动效时，需要根据用户的操作行为和预期结果来设置合理的反馈机制设计方案，以确保用户能够及时获得操作结果的反馈信息。同时，还需要注意保持反馈信息的准确性和及时性，以提高用户的操作信心和满意度。

● 思考与练习

1.动效技术相比传统静态设计在用户体验上的优势是什么？

2.分析动效技术如何通过动态视觉效果提升用户的参与感和沉浸感？

3.在影视制作中，动效技术如何助力特效制作和角色动画？请举例说明。

4.尝试设计一个包含动态效果的网页加载动画，并阐述其设计思路和技术实现方案。

5.实践动效制作的基本原理与技术，通过设计实践加深对动效技术的理解和应用。

# 第三章

## 动效的新设计与动效技术新表达

| 教学目标 |

本章旨在使学生深刻理解动效设计与视知心理的内在联系，掌握视觉构图与表现手法的核心技巧，熟悉新动效技术的应用与创新设计表达。通过理论与实践相结合，加深学生对动效的新设计与动效技术新表达的理解。

| 教学重点 |

1.理解视知心理对动效设计的影响，熟练掌握视觉构图的基本原则和多样化的表现手法。

2.掌握最新动效技术的运用，了解这些技术如何为动效设计带来创新性的表达。

| 推荐阅读 |

[1]许一兵.动态视觉设计基础[M].上海：上海人民美术出版社，2023.

[2]苏珊·魏因申克.设计师要懂心理学[M].徐佳，马迪，余盈亿，译.北京：人民邮电出版社，2013.

| 教学实践 |

本章教学实践环节围绕动效的新设计与动效技术新表达的理论学习分析展开。学生将分组围绕动效设计新表达的主题展开案例分析，结合理论知识完成分析报告，教师将对学生的报告进行点评和指导，帮助学生不断提升自己的动效设计理论学习水平。

**本章知识要点：**

　　本章内容聚焦于动效设计的精髓与视知心理的深刻交融，同时广泛涉猎视觉构图的精妙布局与多样化表现手法，进一步探讨新设计理念与技术革新如何为动效设计开辟前所未有的表达维度。通过此番详尽探讨，我们旨在引领读者深入洞察动效设计的本质力量与潜在价值，理解其在塑造丰富视觉体验与提升文化意蕴方面的不可替代性。随着科技浪潮的奔腾不息与设计思潮的日新月异，动效设计无疑将在更广阔的领域内施展拳脚，为我们的生活空间增添无限创意与色彩，共同编织一个更加绚丽多姿的视觉与文化新篇章。

# 第一节　动效设计与视知心理

## 一、动效设计的心理基础

　　动效设计作为现代视觉设计中不可或缺的一环，其不仅在于视觉上的动态展示，更深层次地涉及对人类视觉感知和心理行为的影响。在深入探讨动效设计之前，理解人类的视知心理基础是至关重要的。人类的视觉感知是一个复杂而精妙的过程，它不仅是对外界光线的简单捕捉，更是大脑对视觉信息进行加工、理解和解释的高级认知活动。动效设计正是基于这一心理机制，通过动态元素的巧妙运用，创造出更具吸引力和感染力的视觉体验。动效设计通过运动的元素、节奏的变化和色彩的搭配，能够激发观众的情感反应，引导其注意力，进而影响其行为决策。这一切都建立在人类视知心理的基础上（图3-1）。

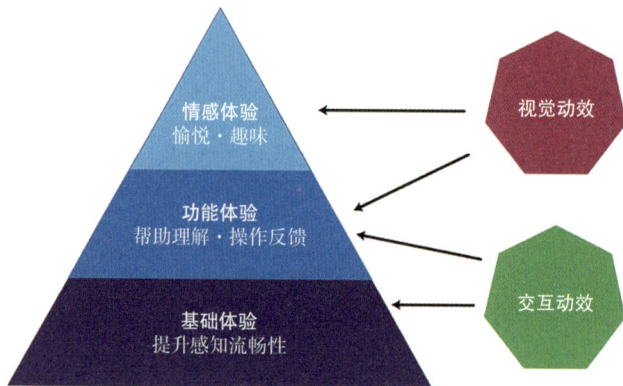

图3-1　动效的心理机制

**扩展知识**

动效设计基于人类视觉处理机制，巧妙运用视觉暂留、注意分配与转移等心理现象。动态元素通过持续吸引注意力，激发好奇心与探索欲，使观众在愉悦中接收信息。同时，动效设计利用情感共鸣增强用户与内容的情感连接，促进深层次记忆形成。信息层次与时间线的结合，则有效引导认知流程，优化信息处理效率，展现了动效设计在心理层面的独特优势与影响力。动效设计作为现代设计领域的重要组成部分，已经在广告业、UI设计、UX（用户体验）设计、游戏和数据可视化领域等多个行业中得到广泛应用，并取得了显著的效果。

## 1. 视觉注意力引导与保持

人类的视觉系统具有自动捕捉动态刺激的能力。动效设计巧妙地利用这一点，通过动画、渐变、旋转等动态效果，引导观众的视线按照设计师预定的路径移动，有效传达关键信息。相较于静态图像，动效设计通过运动、变化、闪烁等动态效果，能够瞬间抓住观众的眼球，使其在众多视觉信息中脱颖而出。例如，在产品介绍页面中，设计师可以通过动态效果引导用户先关注产品的主要卖点，再逐步引导至其他细节，从而优化信息传递的效率（图3-2）。

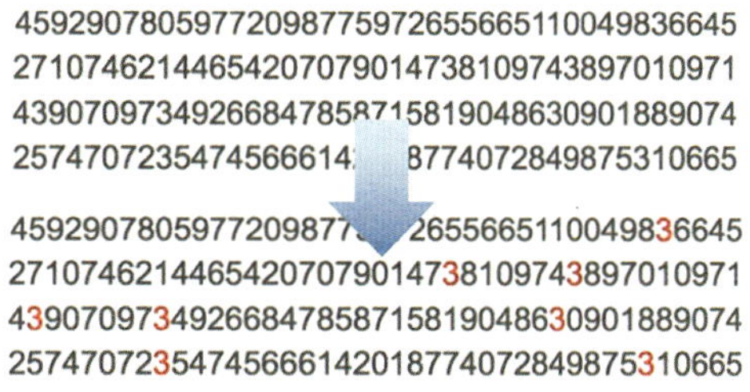

图3-2 动态效果引导作用

## 2. 情感共鸣与认知负荷

动效设计不仅关乎信息传递，更关乎情感共鸣。通过选择合适的动效节奏、色彩和形状，设计师可以创造出与品牌调性相符的情感氛围，激发观众的积极情绪。同时，动效设计也需要避免过度的动态元素，以免增加用户的认知负荷，造成视觉疲劳。设计师需要找到动与静的平衡点，确保动效设计既能吸引注意，又不至于干扰信息的有效传达。

## 3. 信息层次与引导

动效设计通过时间轴上的视觉变化，能够清晰地传达信息的层次结构和逻辑关系。例如，在页面滚动或元素切换时加入过渡动画，可以引导用户视线流动，提高信息传达的连贯性和逻辑性。这种信息引导机制，有助于用户更好地理解和接受设计所传达的信息。

## 二、动效设计区别于静态设计的心理优势

### 1. 动态变化，提升兴趣度

静态设计往往停留在单一的画面呈现上，缺乏变化和互动，容易使观众产生视觉疲劳。而动效设计通过不断变化的视觉元素和交互体验，能够持续激发观众的兴趣和好奇心，使其更愿意投入时间和精力去探索和体验设计师所创造的世界。

### 2. 情感传递，增强沉浸感

动效设计不仅关注视觉上的美观和和谐，更注重情感上的传递和共鸣。通过细腻的动态表现和情感渲染，动效设计能够营造出更加真实、生动的场景氛围，使观众仿佛置身于设计师创造的虚拟世界中，享受沉浸式的视觉体验。

### 3. 信息引导，优化认知过程

静态设计在信息传递上往往依赖于文字说明或图标示意，但这种方式往往显得生硬且不够直观。而动效设计则通过动态元素的变化和组合，以更直观、生动的方式传达信息内容和层次结构，帮助观众更好地理解和认知设计所呈现的信息。这种信息引导机制不仅提高了信息传递的效率和质量，还使观众的认知过程更加顺畅和愉悦（图3-3）。

图3-3 动态信息引导

# 第二节 动效设计中的视觉构图与表现手法

## 一、视觉构图的基本原则

动效设计同样遵循视觉构图的基本原则，包括平衡、对比、重复、韵律等。在动效设计中，这些原则被赋予了新的内涵。例如，平衡不仅体现在静态元素的分布上，还涉及动态元素在运动过程中的视觉重量感；对比不仅可以通过色彩、形状的变化实

现，还可以通过运动速度、方向的变化来加强效果。具体来讲，由以下六点构成。

### 1. 动态平衡

在动效设计中，平衡不仅是指静态画面中的元素分布，还需要考虑动态元素的运动轨迹和速度。设计师要确保在动态变化中，画面依然保持视觉上的平衡。例如，当一侧的元素进行大幅度移动时，另一侧可以通过元素的渐变出现或色彩变化来平衡整体视觉重量。

### 2. 动态对比

动态对比不仅是色彩、形状或大小的对比，还包括运动速度、方向以及动态效果的对比。通过不同动态效果的对比，可以强调画面中的重点信息，引导观众的视线，增加视觉冲击力。例如，快速移动的元素与缓慢过渡的元素相结合，可以营造出紧张与放松的节奏感。

### 3. 连贯性与流畅性

在动效设计中，元素的运动和变化需要保持连贯性和流畅性，避免营造出突兀或生硬的感觉。设计师需要仔细规划每个动态元素的起始、过程和结束状态，确保它们之间的过渡自然、平滑。同时，运动轨迹的设计也要符合物理规律，使观众感受到真实感和沉浸感。

### 4. 视觉焦点与引导线

在动效设计中，通过改变动态元素、色彩和亮度等手段，可以创造出明确的视觉焦点，引导观众的视线按照设计师的意图流动。视觉焦点可以是画面中的主体元素，也可以是通过动态效果强调的关键信息点。引导线可以通过动态元素的运动轨迹、视线方向等方式来实现，帮助观众理解画面的结构和信息层次。

### 5. 空间与时间感的营造

动效设计不仅要在二维平面上进行构图，还要考虑三维空间感的营造。通过透视、层叠、缩放等动态效果，可以模拟出真实的空间深度和运动轨迹。同时，时间感的营造也是动效设计的关键之一。设计师需要合理控制动态效果的速度、节奏和持续时间，使观众能够感受到时间的流逝和画面的连贯性。

### 6. 情感共鸣与叙事性

动效设计不仅是视觉上的呈现，还需要通过动态元素、色彩和音效等手段来传达情感和信息。设计师可以通过设计连贯的故事情节、情感化的动态效果和音乐配合，引导观众产生情感共鸣，加深对信息的理解和记忆。同时，叙事性的动效设计也可以使画面更加生动有趣，吸引观众的注意力。

## 二、动态构图与镜头语言

动态构图是动效设计的核心之一。通过模拟摄像机运动（如推、拉、摇、移、跟等）和剪辑手法（如淡入淡出、叠化等），设计师可以创造出丰富多变的视觉效果。这些手法不仅使画面更加生动有趣，还能引导观众的情绪变化，增强沉浸感。此外，动效设计还可以借鉴电影镜头的语言，通过特写、中景、远景等景别的切换，来讲述故事或传达情感。

### 1. 动态构图

动态构图是指在动效作品中，随着时间和运动的进行，画面内各元素（如形状、色彩、文字等）在空间中的布局与排列不断发生变化的过程。它不仅关注于某一瞬间的画面平衡与美感，更注重整个动态过程中的连续性和流畅性。

（1）时间维度：动态构图引入了时间这一新的维度，使画面不再局限于静态的二维空间，而是扩展到了三维的时空中。设计师需要精心规划每个元素在时间轴上的出现、运动和消失，以确保整个动态过程的连贯性和吸引力。

（2）视觉引导：通过动态构图，设计师可以巧妙地引导观众的视线流动，使他们在观看过程中自然而然地按照设计师的意图去感知和理解信息。这种视觉引导不仅增强了作品的叙事性，也提高了信息的传达效率。

### 2. 镜头语言

镜头语言是影视制作中常用的一种叙事手法，它通过模拟摄影机的视角和运动来呈现画面，进而传达情感、讲述故事。在动效设计中，镜头语言同样发挥着重要作用。

（1）模拟真实视角：通过运用推、拉、摇、移等镜头运动方式，动效设计能够模拟出更加真实和沉浸式的视觉体验。观众仿佛置身于作品所营造的场景之中，与画面中的角色或事物产生情感共鸣。

（2）强化叙事节奏：镜头语言的运用还能够强化动效作品的叙事节奏。通过快速切换镜头、调整景别和拍摄角度等手段，设计师能够营造出紧张、舒缓或戏剧性的氛围，使观众更加投入地参与到作品的叙事中去。

### 3. 动态构图与镜头语言的结合

在动效设计中，动态构图与镜头语言的结合使用能够创造出更加丰富和生动的视觉效果。设计师可以根据作品的主题和情感基调，灵活运用这两种手法来构建画面的层次感和空间感。

（1）增强视觉冲击力：通过巧妙的动态构图和镜头运动设计，动效作品能够在短时间内吸引观众的注意力并留下深刻印象。这种强烈的视觉冲击力不仅提升了作品的艺术价值，也增强了其商业效果。

（2）提升叙事能力：动态构图与镜头语言的结合使动效作品具有更强的叙事能力。设计师可以通过画面元素的动态变化和镜头的运动轨迹来构建故事情节、塑造角色形象并传达深层含义。这种叙事方式不仅更加直观和生动，也更容易引起观众的共鸣和思考。

## 三、表现手法与风格探索

动效设计的表现手法多种多样，包括二维动画、三维建模、实拍素材合成等。不同的表现手法可以营造出不同的视觉效果和风格特点。也正因为区别于传统静态设计的动态表达需求，产生了诸如动态渐变、微交互、拟物、循环动画、路径动画等特殊风格。设计师应根据项目的具体需求和目标受众的特点，选择合适的表现手法和风格定位。

### 1. 表现手法

表现手法是动效设计中实现创意构思的具体技术和方法。常见的表现手法包括以下四种。

（1）二维动画技法：利用关键帧动画、路径动画、骨骼动画、逐帧绘制或关键帧动画技术，使静态图像在时间轴上连续变化，产生动态效果。通过调整动画的速度、加速度和缓动函数等参数，可以创造出丰富多样的动态效果。其效果充分利用二维动画表现手法简洁明了、快速传达信息的特色，更适用于广告、UI动画、动画短片等领域。

（2）三维动画技法：运用三维软件的建模、光影、材质和纹理等效果，营造出逼真的三维空间感，三维表现手法能够创造出高度真实和沉浸式的视觉体验，适合游戏、电影特效、产品展示等需要高度视觉冲击力的场景。

（3）实拍素材合成技法：实拍素材合成是将实际拍摄的视频或照片与动画元素相结合，应用视频剪辑软件、抠像技术、色彩匹配与调色等后期特效处理，创造出虚实结合的效果。实拍素材合成能够保留真实世界的质感与细节，同时加入超现实的动画元素，使作品更加生动有趣，适用于广告、电影特效等领域。

（4）交互式动画技法：交互式动画不仅关注视觉效果的呈现，还强调用户与作品的互动体验，利用HTML5、CSS3、JavaScript等前端技术，结合用户交互设计原则，以及相关的动画库和框架，通过编程和交互设计，使作品能够根据用户的操作或输入产生相应的动态反馈。交互式动画能够增强用户的参与感和沉浸感，提高作品的趣味性和互动性，适用于网页、应用界面、游戏等场景。

### 2. 风格探索

动效设计作为动态视觉传达的一种方式，与静态设计相比，其风格在多个维度上展现出独特的魅力。以下是五种区别于静态设计的动效设计代表风格。

（1）动态渐变风格：动态渐变风格通过颜色、形状或位置的平滑过渡，创造出流畅的视觉动效。这种风格在静态设计中难以实现，因为静态设计通常只展示某一瞬间的状态。常用于加载动画、背景渐变、按钮悬停效果等，通过颜色的微妙变化或形状的连续变形，为用户带来连贯的视觉体验。

（2）微交互风格：微交互设计关注用户与界面元素之间的细微互动，如点击、滑动或长按等操作时的即时反馈。这种风格强调即时性和反馈性，是静态设计所无法展现的。例如手机的滑动解锁、下拉刷新的回弹效果、按钮点击的涟漪效果等，通过细腻的动效提升用户体验的沉浸感和满意度。

（3）拟物风格：拟物风格试图通过动效模拟现实世界中物体的物理属性和行为，如重力、弹性、摩擦等。这种风格在静态设计中难以完全体现，因为静态设计无法展示物体的动态行为。如翻页动画模拟纸张的翻动效果、按钮点击的按压反馈等，通过动效让用户感受到与现实世界的连接和互动。

（4）循环动画风格：循环动画风格通过重复播放的动画序列，创造出一种永无止境的视觉流动感。这种风格在静态设计中无法呈现，因为静态设计是静态的、固定的。例如加载指示器、背景循环动画等，通过连续的动态循环来缓解用户的等待焦虑，提升界面的活跃度。

（5）路径动画风格：路径动画风格允许元素沿着预设的路径进行移动，创造出复杂的运动轨迹和视觉效果。这种风格能够展现出物体的动态移动和变化过程，是静态设计所无法表现的（图3-4）。如引导页动画、信息展示动画等，通过元素的路径移动，引导用户的视线和注意力，提升信息的传达效率。

图3-4　路径动画风格

# 第三节　新动效技术下的创新设计表达

## 一、新技术在动效设计中的应用

随着技术的不断进步，越来越多的新技术被应用于动效设计中。例如，AI算法可以自动生成动画路径和过渡效果，提高设计效率；VR/AR技术能为用户带来沉浸式的体验，使动效设计不再局限于二维屏幕；实时渲染技术让设计师能够实时预览和调整动效效果，缩短开发周期。这些新技术的引入不仅丰富了动效设计的表现手法和视觉效果，还极大地拓宽了动效设计的应用领域和场景，以下列举除传统二维、三维、后期合成之外的新技术并探讨其在动效设计中的创新设计表达趋势。

### 1. 实时渲染技术的应用

实时渲染技术的代表性软件是UE和Unity，实时渲染技术使动效设计能够在不需要预先渲染的情况下，实时生成高质量的视觉效果，让设计师即时看到设计结果，大大加快了设计过程，提升设计效率，同时这种技术还天然具有交互优势。未来，动效设计将更加注重创造交互式体验，设计师将利用实时渲染技术构建实时交流互动的虚拟环境，使用户能够身临其境地参与到设计中，获得前所未有的设计体验（图3-5）。

### 2. VR和AR技术的应用

VR和AR技术为动效设计提供了新的展示平台。VR通过创建完全虚拟的环境，使用户能够身临其境地体验动效设计，增强了沉浸感和交互性。AR则通过在现实世界中叠加虚拟元素，使动效设计能够与用户的物理环境相结合，创造出独特的互动体验（图3-6）。例如，通过手机摄像头扫描特定图案后，

图3-5　实时渲染效果　AI生成

图3-6 《VR世界》 AI生成

可以在屏幕上看到动态的3D模型或动画效果。设计师能够利用VR构建的高度逼真的虚拟环境，增强用户的参与感和代入感。AR技术的应用还优化了传统实拍后期合成的工作流程。设计师可以在拍摄现场就完成大部分动效合成工作，减少了后期编辑的时间和成本，有利于实时创意的产出，提高整体工作效率。对于观众而言，AR技术带来的合成效果更加生动、逼真和具有沉浸感。观众可以通过AR应用或设备，亲身体验到虚拟元素与实拍画面的完美结合，从而获得更加丰富和有趣的视觉体验。这种提升的用户体验不仅增强了作品的吸引力，还使观众更加愿意与设计作品进行互动。

### 3. AIGC与机器学习技术的应用

（1）智能化设计辅助的飞跃：AIGC凭借其强大的学习能力，能够深度挖掘并理解海量的设计数据与规则，从而引领动态设计进入自动化生成的新纪元。设计师们得以借助这些智能辅助工具，轻松快速地生成高质量的动态设计元素初稿，极大地解放了他们的双手，使他们能够将宝贵的时间和精力更多地投入创意构思与策略深化的核心环节。更进一步，AI还能智能地辅助完成诸如色彩自动调整、布局优化以及动画参数精细调节等重复性高、耗时长的任务，显著提升设计效率与成品质量，推动动态设计迈向更高效、更专业的境界。

（2）创新设计元素的无限探索：AIGC以其持续的学习与进化能力，不断突破传统设计的桎梏，勇于探索并创造出前所未有的动效设计元素与风格。这些新颖独特的设计元素，不仅为动态设计领域注入了鲜活的生命力，更为设计师们提供了广阔的创意空间与灵感源泉。它们或将引领新的设计潮流，或将激发更多跨界融合的创新实践，共同推动动态设计向更加多元化、艺术化的方向发展。

（3）大数据驱动的精准优化：在大数据与机器学习算法的双重驱动下，动态设计迎来了更加精准的优化策略。AI能够深入分析用户与界面的交互数据，精准把握用户的操作习惯与偏好趋势，从而对动画的播放速度、节奏乃至整体呈现效果进行智能优化。这种基于用户行为反馈的实时调整，不仅提升了动效设计的实用性与舒适度，更使设计作品能够更加紧密地贴合用户的实际需求，为用户带来更加流畅、愉悦的使用体验。

## 二、个性化与定制化动效设计趋势

在当今这个追求独特性与个性化的时代，用户需求的多样化和个性化趋势加剧，定制化动效设计逐渐成为市场的新宠。设计师们不再满足于千篇一律的视觉效果，而是根据用户的喜好、行为习惯和使用场景等因素，为其量身定制个性化的动效效果。

在社交平台上，用户若是可以根据自己的心情或风格选择个性化的消息提示动画，无论是活泼跳跃的卡通形象，还是优雅轻盈的羽毛飘落，每一个细节都精准地反映了用户的个性与情感。这种个性化的设计不仅让每一次的信息交流都充满了乐趣，更在用户与平台之间建立起了一座情感的桥梁，增强了用户的归属感和忠诚度。而在游戏世界中，定制化动效设计更是将沉浸式体验推向了新的高度。随着玩家的操作反馈和游戏进度的不断推进，动效能够实时调整并呈现出令人惊叹的视觉效果。从技能释放时的光影爆炸，到角色成长过程中的华丽蜕变，每一个动效都紧密贴合游戏剧情与玩家情感，让玩家仿佛置身于一个活生生的奇幻世界。这种个性化的动效设计不仅提升了用户体验的满意度和忠诚度，还为企业创造了新的商业价值增长点。

在AIGC的赋能下，动态设计迎来了前所未有的个性化定制时代。通过深度解析用户的行为轨迹、兴趣偏好及具体需求，AI能够精准生成高度个性化的动效设计方案，确保每一次设计都能精准触达用户的心灵，给用户带来前所未有的贴心与满足感。这种定制化的设计体验，不仅增强了用户的参与感和归属感，更在无形中提升了品牌与用户的情感连接，为动态设计注入了更丰富的情感价值。

未来，随着技术的不断进步与用户需求的持续升级，个性化与定制化动效设计将呈现出更加多元化、智能化的趋势。设计师们将与AI紧密合作，共同探索动效设计的无限可能，为用户带来前所未有的视觉盛宴与情感共鸣。在这个过程中，动效设计将不再只是信息的传递工具，更将成为连接品牌与用户、增强用户体验的桥梁与纽带。

## 三、跨平台设计理念与响应式设计

### 1. 跨平台设计理念

当下，移动互联网飞速发展，跨平台与响应式设计在动效领域的重要性日益凸显。在这个多设备共存、屏幕尺寸各异的时代，设计师面临着前所未有的挑战——如何确保动效体验跨越不同平台与设备界限，实现无缝衔接与完美呈现。

跨平台设计的核心价值在于其广泛的兼容性与用户体验的一致性。动效设计不再是单一平台上的艺术展示，而是需要适应手机、平板、电脑乃至智能穿戴设备等多元终端的综合性创作。设计师须具备前瞻性的视角，深入了解各平台的特性与限制，精心构建能够适应不同屏幕尺寸、操作系统和交互方式的动效方案（图3-7）。这不仅要求动效内容本身的灵活性，更强调在不同环境下保持视觉与情感传达的一致性，使用户无论在哪个平台都能获得熟悉而流畅的体验。

图3-7　跨平台设计　AI生成

## 2. 响应式设计

（1）响应式设计作为确保设计兼容性和灵活性的关键策略，在动效设计领域同样扮演着不可或缺的角色。响应式设计不仅关注静态布局在不同设备上的自适应，更强调动效在不同屏幕尺寸、分辨率和交互方式下的流畅表现，响应式动效设计正是为了满足这一需求而生。通过智能感应屏幕尺寸、分辨率、方向变化等因素，动效能够动态调整其布局、动画速度、尺寸比例等，确保在不同设备上都能完美展现设计者的意图。这种自适应机制不仅提升了动效的观赏性和互动性，还有效降低了因平台差异带来的开发与维护成本。响应式设计鼓励设计师从用户角度出发，思考如何在多变的环境中最大化动效的吸引力和功能性，使每一次交互都能精准触达用户心灵。

（2）实现响应式动效设计的关键技术包括媒体查询（Media Queries）、弹性布局（Flexbox）与网格布局（Grid）、动画过渡的适配、交互行为的响应四个方面。

媒体查询是指CSS3中的媒体查询允许设计师根据设备的不同特性（如屏幕宽度、高度、分辨率等）应用不同的样式规则。在动效设计中，可以利用媒体查询调整动画的速度、持续时间、延迟等属性，以适应不同设备的性能和屏幕尺寸。

弹性布局与网格布局两种现代CSS布局模型提供了更加灵活和强大的布局方式，使设计师能够更轻松地实现响应式布局。在动效设计中，它们同样重要，因为它们为动效元素提供了稳定的容器环境，确保动效在不同屏幕尺寸下依然能够保持和谐统一。

CSS动画和过渡是实现动效的主要手段。为了确保动效在不同设备上的流畅表现，设计师需要仔细考虑动画的性能开销，并通过优化动画曲线、减少动画层数等方式降低资源消耗。同时，可以利用动画的填充模式（fill-mode）来确保动画在结束时的状态与静态布局保持一致。

除了视觉元素的响应式布局外，动效设计还需要关注用户交互行为的响应性。这意味着动效设计应该根据用户的操作（如点击、滑动、缩放等）实时调整动画效果，以提供更加自然和流畅的交互体验。

展望未来，随着物联网、5G等新兴技术的普及，跨平台与响应式动效设计将迎来更加广阔的发展空间。设计师需紧跟时代步伐，不断探索新的设计思路与技术手段，以满足日益增长的用户需求与期待。在这个过程中，动效设计不再只是视觉上的点缀，更将成为连接用户与产品、增强用户体验的核心要素之一。

# 第四节　动效设计对行业的影响

## 一、引领数字媒体行业前行

动效设计，作为数字媒体艺术领域的重要组成部分，其持续的创新与演进正以前所未有的力量推动着整个行业的蓬勃发展。随着技术的日新月异与应用场景的无界拓展，动效设计不再局限于单一维度，而是深入广告、游戏、影视、教育乃至智能交互等多元化领域，成为激发创意灵感、塑造品牌形象的关键要素。它不仅为数字媒体行业注入了鲜活的动力，更以其独特的魅力吸引着全球市场的目光，为行业开辟了广阔的增长空间与无限的商业潜力。同时，动效设计还促进了数字媒体与传统产业的深度融合，加速了产业升级与转型，共同绘制出一幅幅社会经济繁荣发展的新画卷。

## 二、深化用户体验，铸就品牌忠诚度

在移动互联网浪潮的席卷下，用户对于产品体验的期待值达到了前所未有的高度。动效设计以其灵活多变的动态元素与精妙绝伦的交互设计，巧妙地抓住了用户的注意力，为用户带来了前所未有的视觉盛宴与情感共鸣。它不仅让用户在操作过程中感受到流畅与便捷，更在无形中传递了品牌的独特理念与人文关怀，构建起用户与品牌之间深厚的情感连接。这种超越传统视觉体验的全方位互动，极大地提升了用户的满意度与忠诚度，为企业赢得了宝贵的市场竞争力与可持续发展空间。

## 三、搭建文化传播的桥梁，促进全球交流共融

动效设计，作为一种跨越语言与地域障碍的视觉语言，其在文化传播与交流方面的作用日益凸显。通过创意无限的动效设计，我们能够生动地展现不同地域、不同文化的独特魅力与深厚底蕴，促进文化的多样性与包容性发展。在国际舞台上，动效设计更是成了一种重要的交流工具，它通过动态视觉元素与交互设计的完美结合，打破了语言与地域的界限，实现了全球文化的无障碍传播与共享。在国际会展、文化交流活动等重要场合中，动效设计以其独特的魅力与表现力，向全球观众传递着丰富的文化内涵与艺术价值，促进了全球文化的交流与融合。

## 四、促进跨领域融合，共创行业新生态

随着科技的不断进步与社会的快速发展，未来动效设计将与其他行业实现更加紧密的合作与跨界融合。这要求设计师们不仅要具备扎实的专业技能与敏锐的创意思维，更要拥有广泛的知识面与跨领域合作的能力。通过与不同领域的专家与团队携手合作，我们可以共同探索动效设计的无限可能，创造出更多具有创新性与竞争力的作品。这种跨领域的深度融合与协同创新，将推动整个动效设计行业乃至相关产业链条的繁荣发展，共同构建一个更加多元、开放、共赢的行业新生态。

### ● 思考与练习

1.动效设计如何深刻影响用户的视知心理？请结合具体案例，分析动效设计中的哪些元素（如色彩、速度、节奏）能有效提升用户体验或引导用户行为。

2.在动效设计的视觉构图中，如何平衡动态元素与静态信息的关系？请阐述不同构图策略（如对比、层次、引导线）在动效设计中的应用与效果。

3.选取一个你认为在动效设计上表现突出的App或网页界面，详细分析其动效设计的特点、目的、技术手段以及对用户体验的影响并撰写一份报告。

4.动效设计对不同行业的影响与推动作用体现在哪些方面？请选取两个具体行业（如零售业、游戏开发），分析动效设计如何促进这些行业的创新与发展。

第四章

After Effects
概述及简明
使用流程

## | 教学目标 |

本章旨在使学生全面了解After Effects的基本功能和操作界面，通过实例掌握动态数字特效制作的基本工作流程。学生将深刻理解静态素材动态化原理，熟练掌握色彩校正、特效效果和多层合成的制作方法。通过理论与实践相结合，培养学生形成动态设计思维，提升在影视制作、广告创意、UI动画等领域的创作效率和作品质量。

## | 教学重点 |

1.熟练掌握After Effects的基本功能和操作界面，包括常用术语与影视行业规范。

2.通过"AE动态SHOW"动效设计案例，深入理解静态素材动态化原理，以及色彩校正、特效效果和多层合成的制作方法。

## | 推荐阅读 |

[1]王睿志，毛辉，乔易. After Effects影视特效设计制作[M]. 石家庄：河北美术出版社，2015.

[2]敬伟. After Effects 2024从入门到精通[M]. 北京：清华大学出版社，2024.

## | 教学实践 |

本章教学实践环节将围绕"AE动态SHOW"动效设计案例展开。学生将分组进行案例分析，通过实际操作After Effects软件，完成对静态素材的动态化处理、色彩校正、特效添加和多层合成等任务，鼓励学生探索After Effects的新增功能和优化点，以拓展动态设计的创意空间。

**本章知识要点：**

　　本章详细介绍了After Effects的基本功能和操作界面，通过实例展示了动态数字特效制作的基本工作流程。After Effects作为动态设计领域的核心工具，其强大的动画、特效合成及视频剪辑能力，为影视制作、广告创意、UI动画等领域提供了无限可能。本章不仅介绍了软件的新增功能和优化点，还通过实际案例详细解析了静态素材动态化原理、色彩校正、特效效果和多层合成的制作方法，帮助读者快速掌握After Effects在动态设计中的应用技巧，形成动态设计思维，提升创作效率和作品质量。

# 第一节　进入 After Effects 的世界

## 一、After Effects的简介

　　After Effects（简称AE），是奥多比（Adobe）公司推出的一款专业的视频后期处理及合成软件，广泛应用于电影、电视、广告、动画、网页及UI设计等领域（图4-1）。作为动态设计的重要工具之一，After Effects以其强大的特效制作能力、灵活的合成技术和高效的工作流程，在影视特效、动态图形设计、UI动画等方面发挥着不可替代的作用。

　　目前的特效合成软件主要分为基于层和基于节点两种架构的软件类型。Adobe After Effects是层架构软件的代表，类似Photoshop（PS）中层概念的引入，使After Effects可以对多层的合成图像进行控制，制作出天衣无缝的合成效果；还可以利用层来实现3D效果，而绝大多数视频工作者都非常熟悉PS的层概念，转化到After Effects中非常容易上手，也是业内许多人选择After Effects的原因之一。节点架构的特效软件以Nuke为代表。Nuke是节点式的

图4-1　Adobe After Effects

操作方式，这和传统的软件有所区别，它通过各个节点去传递功能属性。节点式操作是一种非常适合设计人员使用的操作方式，可以在一个素材上按照想象嵌套多个控制节点，实现了最大化的可控性，这是节点式的最大优势，但是它要求操作者必须有非常清晰的思路，否则容易造成混乱。节点式的层次脉络较为清晰，比较适合其他人接手协作，所以在大型项目的工程上，节点式软件较为流行。

> **📖 扩展知识**
>
> After Effects在动效制作领域的扩展知识丰富多样，涵盖了高级动画技巧、三维合成、表达式与自动化、交互式动画以及插件扩展等多个方面。通过掌握关键帧与速度曲线、蒙版与遮罩控制等高级技巧，可以创作出更加自然流畅的动画效果。同时，利用AE的三维功能和粒子系统，能够制作出立体感强、视觉冲击力大的特效。此外，通过表达式和插件的扩展，可以实现数据驱动的动画和复杂的交互效果，进一步提升动效制作的创意和可能性。掌握这些扩展知识，将为动效制作带来更多创新和突破。

### 1. 主要功能特点

（1）强大的特效制作能力包括视频图像处理、粒子系统生成、文字动画、3D空间合成、关键帧动画以及运动跟踪与稳定等方面。

视频图像处理：After Effects可以高效精确地创建各种引人注目的图形和震撼的视觉效果，还可以配合Adobe其他软件完成图像的处理，内置数百种预设的效果和动画，为您的视频作品添加耳目一新的效果。

粒子系统：After Effects内置了多种粒子效果生成器，允许用户轻松创建出逼真的爆炸、烟雾、火焰等自然效果，同时还具有丰富的粒子插件如Trapcode Particular、Video Copilot Saber系列为After Effects特效的制作提供了强大的特效制作能力。

文字动画：提供了丰富的文字动画预设，用户通过简单操作即可实现复杂的文字动态效果。

3D空间合成：支持在二维平面上创建三维空间感，用户可以通过摄像机和灯光设置，实现立体场景的模拟，配合诸如Element 3D等插件可以实现3D特效的编辑制作。

关键帧动画：通过为图层属性设置关键帧，用户可以自由控制动画的起始、结束及中间状态，实现高度自定义的动画效果。

运动跟踪与稳定：对于拍摄出的有抖动的视频画面，After Effects的稳定特效可以最大幅度地修正抖动，还原出清晰稳定的画面。对于画面中的运动物体，After Effects可实现多点的跟踪特技，修正大部分的画面问题。

（2）灵活的合成技术包括多图层操作、时间轴编辑、表达式动画。

多图层操作：After Effects采用图层概念，用户可以对不同图层进行叠加、遮罩、透明度调整等操作，实现复杂的视觉合成效果。

时间轴编辑：时间轴界面直观易用，用户可以方便地对动画时间进行控制，实现精确的帧定位和调整。

表达式动画：通过编写表达式，用户可以创建出与图层属性相关联的动态效果，实现更为复杂的动画控制逻辑。

（3）高效的工作流程包括预设与模板、渲染引擎和协作与版本控制。

预设与模板：After Effects提供了大量的预设效果和模板，能够大大提高工作效率。

渲染引擎：采用先进的渲染技术，能够快速处理大量数据和复杂效果，缩短渲染时间。

协作与版本控制：支持团队协作，用户可以轻松共享项目文件，并进行版本控制，确保项目顺利进行。

### 2. 应用领域

（1）影视特效：在电影、电视剧等影视作品中，After Effects被广泛应用于创建视觉特效，如爆炸、变形、飞行等场景，提升作品的视觉冲击力。

（2）动态图形设计：在广告、宣传片、节目包装等领域，After Effects通过动态图形设计，将静态元素转化为生动有趣的动画效果，吸引观众眼球。

（3）UI动画：在网页、App等用户界面设计中，After Effects可以制作出流畅自然的UI动画效果，提升用户体验和互动感。

（4）视频剪辑与合成：作为视频后期处理的重要工具之一，After Effects可以对视频素材进行剪辑、调色、配音等处理，并完成最终的合成输出。

## 二、After Effects在动效设计的应用

随着数字媒体技术的飞速发展和普及，动态设计在广告、影视、游戏、UI界面等多个领域的应用日益广泛，成为提升用户体验和视觉吸引力的核心要素。在这一背景下，After Effects作为一款专业的视频特效与合成软件，凭借其强大的功能和灵活的操作性，在动效设计领域占据了举足轻重的地位。

### 1. 丰富的特效库

After Effects内置了丰富的特效插件和预设，从基础的色彩校正、模糊锐化，到

复杂的粒子系统、光效模拟等，几乎涵盖了动态设计所需的所有特效类型。这些特效不仅质量上乘，而且易于调用和调整，设计师无须从零开始，即可快速实现高质量的视觉效果。此外，After Effects还支持第三方插件的扩展，进一步丰富了其特效库，满足设计师对独特效果的追求。

### 2. 精确的动效控制

动态设计的核心在于运动与变化，而After Effects提供了强大且精确的关键帧动画工具，使设计师能够轻松控制每一个元素的运动轨迹、速度、加速度等属性。通过曲线编辑器，设计师可以精细调整动画的节奏和力度，实现流畅、自然的动态效果。此外，After Effects还支持表达式语言，通过编写简单的代码，可以实现更为复杂的动画效果，满足高端设计的需求。

### 3. 强大的合成能力

在动效设计中，往往需要将多个素材、图层和动画效果进行合成，以创建出完整的视觉效果。After Effects凭借其卓越的合成能力，能够轻松处理多层素材的叠加、融合和交互，实现复杂的场景构建和动态效果。同时，After Effects还支持多种视频和音频格式的导入导出，以及与其他Adobe软件的紧密集成，为设计师提供了无缝的工作流程。

### 4. 广泛的应用领域

After Effects在动效设计领域的应用极为广泛。在广告行业，After Effects可用于制作华丽的广告特效，吸引消费者的眼球；在UI界面设计中，After Effects能够创建引人入胜的动画和过渡效果，提升用户界面的互动性和吸引力；在电影和电视制作中，After Effects则扮演着至关重要的角色，用于制作震撼的特效场景和预告片；在游戏开发领域，After Effects也被用于制作游戏片头、UI动画和特效元素等。

### 5. 推动动态设计的发展

随着After Effects等动效设计工具的普及和应用，动态设计不断向更高层次发展。设计师们能够以前所未有的方式创造和呈现视觉内容，为用户带来更加丰富、生动和沉浸式的体验。同时，动态设计也促进了设计思维的拓展和创新，使设计师在创作中更加注重用户体验和视觉感受，推动了设计行业的整体进步。

# 第二节　After Effects 基本操作界面

## After Effects操作界面

After Effects操作界面由项目窗口、合成窗口、时间轴窗口和工具栏等核心组件构成（图4-2）。项目窗口用于管理和导入素材，合成窗口实时预览当前合成效果。时间轴窗口是核心操作区域，支持对图层进行精确的时间控制和关键帧动画设置。工具栏提供多种编辑工具，如选择工具、文本工具和形状工具，便于进行创意操作。

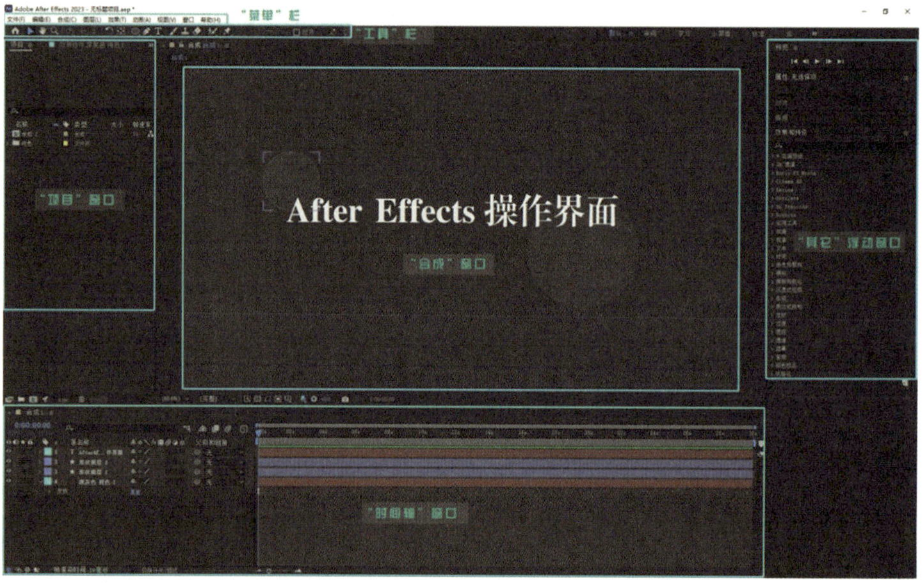

图4-2　After Effects操作界面

### 1.菜单栏

菜单栏包含常规文件、编辑、帮助，还包括After Effects特有的合成、图层、效果、动画、视图、窗口菜单等，涵盖绝大部分的软件操作及界面布局等功能。

（1）"文件"菜单项主要用于对After Effects文件进行新建、打开、保存、关闭、导入、导出等操作。

（2）"编辑"菜单项主要用于撤销或还原编辑操作，对当前所选对象（如关键帧）进行剪切、复制、粘贴等操作。

（3）"合成"菜单项主要用于进行新建合成、设置合成等与合成相关的操作。当导入素材后，往往会先利用该菜单项新建合成。

（4）"图层"菜单项主要用于新建各种类型的图层，并对图层进行设置蒙版、遮罩、形状路径等操作。

（5）"效果"菜单项主要用于为所选对象应用各种After Effects预设的效果。

（6）"动画"菜单项主要用于管理时间轴上的关键帧，如设置关键帧插值、调整关键帧速度等。

（7）"视图"菜单项主要用于控制"合成"面板中显示的内容，如标尺、参考线等，也可调整"合成"面板的大小和显示方式。

（8）"窗口"菜单项主要用于管理各种工具面板。单击该菜单项中的某一选项后，对应的工具面板选项左侧会出现☑标记，代表该工具面板已经显示在工作界面中；再次单击该选项，☑标记将会消失，代表该工具面板没有显示在工作界面中。

（9）"帮助"菜单项提供了After Effects的具体情况和各种帮助信息。

### 2. 工具栏

常用的工具按钮包括移动、旋转、平移、视图缩放、摄影机控制工具、锚点工具、几何绘图、钢笔、文字、画笔、图章、橡皮、笔刷、人偶位置控制点及界面预设工具等（图4-3）。

图4-3 After Effects工具栏

由左至右工具名称及作用分别为：

（1）主页工具：点击回到软件主页页面。

（2）选择工具：负责在视图中移动、选取对象。

（3）手形工具：负责在视图中平移视图。

（4）缩放工具：放大或缩小视图。

（5）摄像机工具：建立摄像机层后，可以利用该工具操纵摄像机，可用于在三维空间操纵摄像机，分别为摄像机的旋转、平移和推拉工具。

（6）旋转工具：负责在视图中旋转对象。

（7）锚点工具：可以改变对象的轴心点位置。

（8）绘图工具：绘制几何形态遮罩。长按左键可弹出扩展项，分别为矩形、圆角矩形、椭圆形、多边形、星形遮罩工具。

（9）钢笔工具：绘制贝塞尔曲线的自由形遮罩。长按左键可弹出扩展项，分别为添加顶点、删除顶点、转换顶点以及蒙版羽化工具。

（10）文字工具：为合成添加文字层，可创建文本及特效文本等。长按左键可弹出扩展项，分别为横排文本和竖排文本工具。

（11）画笔工具：可在素材上绘制笔画、制作手写动画等效果。

（12）仿制图章工具：用来复制素材中取样点位置的像素。

（13）橡皮擦工具：擦除笔头位置的像素。

（14）Roto笔刷工具：用笔刷方式绘制选区。长按左键可弹出扩展项，为调整边缘工具，用于调整边缘平滑、羽化等细节。

（15）人偶工具：用于确定木偶动画时关节位置，长按左键可弹出扩展项。

### 3.项目窗口

项目面板是管理素材的重要工具，所有导入After Effects中的素材都将显示在该面板中，可以导入、预览、删除、查找、管理素材等（图4-4）。

（1）解释素材：用来设置导入素材的透明通道、帧速率、场、开始时间码、像素比等。

（2）新建文件夹：在项目窗口新建文件夹。

（3）新建合成：在项目窗口新建合成组，也可直接将素材拖放到该按钮释放以创建出和素材参数完全相同的合成组。

（4）项目设置：打开项目设置面板。

（5）删除所选项目项：可将所选项目项删除。

### 4.合成窗口

合成窗口即最终效果的监视器，所有特效合成的预览都在此面板。但该面板不单有监视预览功能，部分特效处理和动画设置还可以在这个面板直接操作（图4-5）。

由左至右工具名称及作用分别为：

（1）放大率比：修改预览窗口显示大小（可用滚轮快速调节）。

（2）分辨率：将预览以某种质量显示，并不影响输出结果。

（3）快速预览：预览方案选择。

（4）切换透明网格：将素材背景透明显示（前提是素材带有Alpha通道）。

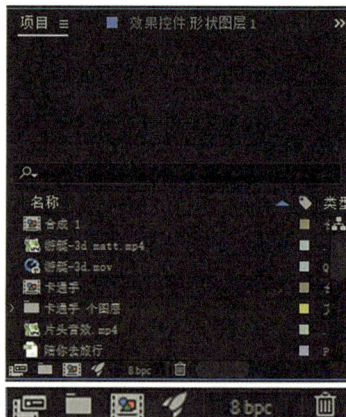

图4-4　After Effects项目窗口

图4-5　After Effects合成窗口

（5）切换蒙版和形状路径可见性：开关是否显示蒙版（遮罩）边框线。

（6）目标区域：划定只预览某块局部区域。

（7）选择网格与参考线选项：显示标尺、参考线、安全框等。

（8）显示通道及色彩管理设置：显示某一色彩通道、Alpha通道，同时可调整色彩、音频等参数。

（9）重置曝光度：重置预览曝光度（不影响输出）。

（10）调整曝光度：调整预览时的曝光度（不影响输出）。

（11）拍摄快照：将当前时间线内容快照至内存。

（12）显示快照：将快照内容显示出来。

（13）预览时间：快速跳转到手工输入的某一时间段。

（14）切换视图布局（隐藏功能）：可在合成窗口空白处点击右键，可在弹出菜单中选择将界面切换为单窗口、双窗口或四窗口布局形式。

★注：安全框分为边界安全框、动作安全框、文字安全框三个区域（图4-6）。大部分非线性编辑软件都提供了安全框，为制作人员设计字幕或特技位置提供参照，避免因过扫描现象导致电视画面显示不完整，确保观众能够看到完整的画面内容。安全边框一般呈"回"字形，由与画面边缘距离不同的内外两个方框组成，它不会被记录或输出。外围的方框称为"动作安全框"（Action-safe zone），是指超出该区域外的画面运动、转场有可能不会被完整地显示出来；中间小的方框称为"字幕安全框"（Title-safe zone），表示该区域的字幕才可以正常地显示在观众的屏幕上。安全边框的大小并不是固定不变的，一般可以通过设置来改变。

图4-6 安全框

### 5. 时间轴窗口

时间轴窗口是比较重要的操作面板，大多数工作都会在这个面板中进行。"时间轴"面板是After Effects的核心工具之一，主要包含两部分，左侧为图层管理区域，右侧为时间轴管理区域。该面板的主要功能是控制合成中各种素材之间的时间关系，它以层的形式把合成素材逐一摆放，每层的时间长度代表了这个素材的持续时间，可以对不同层进行位移、缩放、旋转、定义关键帧、剪切、添加特效等操作。

时间线面板（图4-7）的左侧包括图层控制的列；右侧（时间图形）包含图层的时间标尺、标记、关键帧、表达式、持续时间条（在图层条模式下）以及图表编辑器（在图表编辑器模式下）。

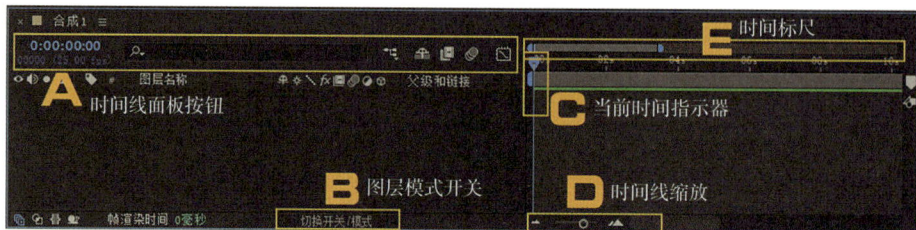

图4-7 时间线面板

时间线面板按钮（图4-8）从左至右分别是：

（1）当前时间：显示时间线所在位置的时间。

（2）查找：查找并显示时间线面板素材的某一属性。

（3）合成微型流程图：显示当前合成的微型流程图。

（4）躲藏开关：隐藏设置了躲藏属性的层。

（5）帧混合：打开或关闭对应图层中的帧混合。

（6）运动模糊：打开或关闭对应图层中的运动模糊。

（7）图表编辑器：打开或关闭对关键帧进行图表编辑的面板。

图4-8 时间线面板按钮

#### 6. 其他浮动窗口

其他工具面板位于合成面板右侧，选择工具面板对应的名称可展开其内容。用户可以根据需要，结合窗口菜单项来调整工作界面中显示的面板，以便使用。其他工具面板包含信息、预览、效果和预设以及窗口菜单中的各类浮动面板，可以根据需要自定义是否开启或关闭，还可以通过拖拽来调整面板的位置和大小。下面重点介绍工具面板的一些常见操作。

（1）调整面板大小：将鼠标指针移至面板与面板之间的分隔线上，当鼠标指针变为双向箭头标记时，拖曳鼠标可调整两个面板的大小。

（2）浮动面板：面板默认嵌入工作界面中，如果想使面板浮于界面上方，以方便随时调整面板位置，可单击面板名称右侧的下拉按钮，在弹出的下拉列表中选择"浮动面板"命令。此时便可任意拖曳浮动面板上方的白色区域调整该面板的位置。

（3）移动面板：若需要重新调整各面板的位置，打造更符合自身操作习惯的工作界面，可以将面板移动到需要的位置。具体方法为：在工具面板对应的名称上按住鼠标左键不放，拖曳面板到目标位置后，根据After Effects同步显示的位置关系图来确定最终位置，完成后释放鼠标（图4-9）。

After Effects CC默认的界面布局（图4-10）是标准的简洁形式，如果需要不同的面板组合方式，可以选择工具栏右侧中的"默认、审阅、学习、小屏幕、标准、库"等下拉菜单，显示出更多布局组合方式或自定义布局方式。

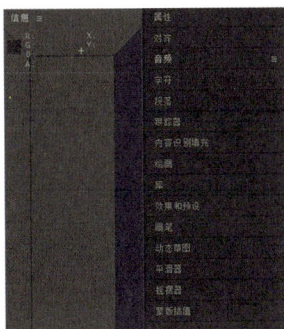

图4-9 移动面板

图4-10 After Effects CC默认界面布局

# 第三节 常用术语与影视行业规范

## 一、常用术语解析

在After Effects特效领域，遵循影视、动画常用术语，需要了解一些专用名词，下面是After Effects中一些常用的基础术语，便于在行业内进行交流。

### 1.帧

帧相当于电影胶片上的每一格镜头，一帧就是一幅静止的画面，连续的多帧就能形成动态的效果。

### 2.关键帧

关键帧是指角色或物体运动过程中的关键动作所在的那一帧。After Effects会自动计算并创建关键帧与关键帧之间的动画，从而生成过渡动画效果。

### 3. 帧速率

帧速率也称FPS（Frames Per Second），指画面每秒传输的帧数，即通常所说的动画或视频的画面数。每秒的帧数越多，动态效果越流畅，但同时文件所占的存储空间也会增加，会影响视频的编辑和渲染以及动态图形的输出与加载等各个环节。

### 4. 比特率

比特率是指每秒传送的比特（bit）数，单位为bit/s。比特率越高，单位时间传送的数据量（位数）越大。

### 5. 分辨率

分辨率可以反映图像中存储信息量的情况，表示每英寸（1英寸 = 2.54厘米）图像内包含多少个像素点，单位为PPI。分辨率越高，画面越清晰；分辨率越低，画面越模糊。

### 6. 像素比

像素比是指图像中的一个像素的宽度与高度之比。

### 7. 帧纵横比

帧纵横比是指图像中一帧的宽度与高度之比，常见图像的帧纵横比为"4∶3"或"16∶9"等。

### 8. 电视制式

电视制式是指电视信号的标准，可以简单地理解为用来实现电视图像或声信号所采用的一种通用技术标准。

> **扩展知识**
>
> 关于电视制式规范，世界上主要使用的电视广播制式有PAL（Phase Alternation Line）、NTSC（National Television System Committee）、SECAM（Sequentiel Couleur Avec Memoire）三种。不同的电视制式会有不同的帧速率、分辨率、信号带宽、载频（一种特定频率的无线电波），以及不同的色彩空间转换关系等。此外，随着无线模拟电视信号的逐步取消，数字电视信号正成

为全球电视信号传输的主流方式。同时，电视制式正逐渐向着更高清晰度的方向演进。高清电视（HDTV）和超高清电视（UHD或4K电视）已经成为市场主流，随着技术的发展和全球化的推进，电视制式之间的差异在逐渐减少，但在特定的地区和市场，仍然需要遵循相应的电视制式规范以确保电视节目的正常播放和接收。因此，在跨国使用数字电视设备和接收装置时，可能需要进行兼容性的检测和调整。

## 二、影视行业规范

### 1. 视频尺寸

目前，视频尺寸的大小大致可以分为标清（Standard Definition，SD）、高清（High Definition，HD）和超清（Ultra High Definition，UHD）三类（图4-11），前两类视频尺寸在我们生活中已经普遍存在，这几年随着软硬件的进步和我们对极致影音的追求，第三类的超高清视频已经走入我们的生活，各种支持4k甚至8k分辨率的录播设备越来越普及，也给我们视频特效工作者提出了更高的要求。

（1）常见三类视频尺寸包括SD标清、HD高清、UHD超清，其具体参数如下。

SD标清（分辨率单位为像素）具体参数分为两种：

①PAL制式：PAL D1/DV—720*576，25 帧/秒，像素长宽比1.09。

②NTSC制式：NTSC DV—720*480，29.97 帧/秒，像素长宽比0.91。

HD高清：分为720p、1080i与1080p三种标准格式：

①HDV/HDTV 720p—1280 *720，25/30 帧/秒。

②1080i—1920×1080，隔行扫描。

③1080p—1920×1080，逐行扫描。

UHD超清：分为2K、4K两种标准形式：

①胶片2K：2048 *1556，24 帧/秒。

②胶片4K：4096 *3112，24 帧/秒。

（2）帧速率包括三种：

25/秒（PAL）、30/秒（NTSC）、24/秒（胶片）。

图4-11 视频尺寸

★注：中国区使用前设置：菜单→文件→项目设置→时码设置→25帧/秒。

**2. 素材导入与常用格式应用详解**

After Effects支持视频、音频、位图、矢量图、常见3D格式等素材的导入，还可以导入文件集合或文件组件作为单个素材项目的源，甚至可以在After Effects中自己创建素材项目，如纯色和预合成，可以随时将素材项目导入项目中（图4-12）。

> ★注：在导入文件时，After Effects 不是将图像数据本身复制到项目中，而是创建指向素材项目源文件的引用链接，以保持项目文件相对较小。如果删除、重命名或移动导入的源文件，将断开指向该文件的引用链接。当断开链接后，源文件的名称在"项目"面板中显示为斜体，而"文件路径"列会显示该文件缺失。如果素材项目可用，可以重新建立链接，通常只需双击该素材项目并再次选择文件即可。

（1）常用的图形类素材可分为单张图片的导入和序列图片的导入两种。

单张图片的导入，其图像类型可分为三种：

①位图图形：以像素点排列描述图形，支持色彩变化丰富，但缩小后再放大会损失图像信息。

②矢量图形：在数学上定义为一系列由线连接的点来描述图形，随意放大缩小不会损失图像信息，但最大的缺点是难以表现色彩层次丰富的逼真图像效果。

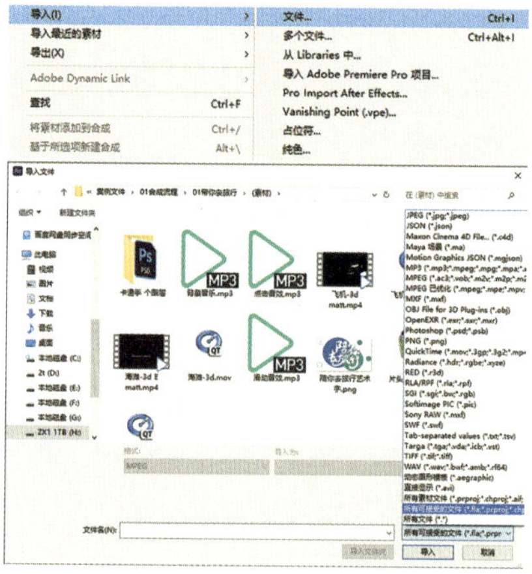

图4-12 导入面板与格式

③三维图形：可以支持导入Maya或C4D生成的三维模型文件，但由于After Effects特效设计主要针对的是二维对象，因此对外部的三维模型支持相对较少，更多格式需要配合专业的3D插件。

单张图片的导入，其具体图片格式如下：

①JPEG：最为常见的图像格式之一，支持图片压缩（有损）尺寸小速度快。After Effects自动导入为"素材"性质。

②PSD：支持所有图片效果并支持分层导入，尺寸大，速度慢（无损）。导入该类型会出现"素材"与"合成"两个选项："素材"类型为合成一个层或手工选择某个层；"合成"类型为会自动生成合成组，素材分层显示。

③TIFF：支持Alpha通道的图片压缩（无损）、支持透明层，是带有通道信息的一种无损压缩格式，可以导入时定义素材为忽略、直通、预乘、自动侦测、翻转Alpha，

以保持背景的透明性。

④TGA：支持Alpha通道的图片压缩（无损），是带有通道信息的一种无损压缩格式，可以导入时定义素材为忽略、直通、预乘、自动侦测、翻转Alpha，以保持背景的透明性。

⑤PNG：支持透明层的图片压缩（无损），但不支持Alpha通道（压缩比比较大，节省磁盘空间），是目前较为通用的格式之一。

⑥AI：是矢量图形制作软件Illustrator的专用矢量格式。与PSD 文件相同，AI文件的每个对象都是独立的，它们具有各自的属性，如大小、形状、轮廓、颜色、位置等。将AI文件导入After Effects中后，这些属性也会完全保留。

⑦SVG：是一种可缩放的矢量图形格式，其文件的扩展名为.svg。这种图片文件格式基于XML的二维矢量图形标准，可以提供高质量的矢量图形渲染，并具有强大的交互功能，能够与其他网络技术进行无缝集成。

⑧占位符：支持占位的彩条文件导入，当素材准备好后可以替换当前占位符。

⑨纯色层：导入带有某种颜色的非透明"固态"层。

★ 注：Alpha 通道解释

具有 Alpha 通道的图像文件通过下面两种方式之一存储透明度信息：直接或预乘。虽然 Alpha 通道相同，但颜色通道不同。使用直接（或无遮罩）通道，透明度信息只存储在 Alpha 通道中，而不存储在任何可见的颜色通道中。使用直接通道时，仅在支持直接通道的应用程序中显示图像时才能看到透明度结果。使用预乘（或有遮罩）通道，透明度信息既存储在 Alpha 通道中，也存储在可见的 RGB 通道中，后者乘以一个背景颜色。预乘通道有时也称为有彩色遮罩。半透明区域（如羽化边缘）的颜色偏向于背景颜色，偏移度与其透明度成比例。一些软件允许使用者指定用于预乘通道的背景色；否则背景色通常为黑色或白色。直接通道比预乘通道保留更准确的颜色信息。预乘通道可以与多种程序兼容，如QuickTime Player。通常，在使用者收到用于编辑和合成的资源之前，已经选定了是使用具有直接通道的图像还是具有预乘通道的图像。Premiere和After Effects可同时识别直接通道和预乘通道，但识别的只是它们在包含多个Alpha通道的文件中所遇到的第一个Alpha通道。正确地设置Alpha通道解释可以避免在导入文件时发生问题，如图像边缘出现杂色，或者Alpha通道边缘的图像品质下降。例如，如果通道实际是预乘通道而被解释成直接通道，则半透明区域将保留一些背景颜色。如果颜色不准确，例如半透明边缘出现光晕，可以尝试更改解释方法。

如图4-13所示，具有预乘通道的素材项目被解释为"直接——无遮罩"时，图中左下区域出现黑色光晕。当素材项目被解释为"预乘——有彩色遮罩"并且背景颜色指定为黑色时没有出现光晕，使用者可以使用"移除颜色遮罩"效果，通过取消相乘图层而从该图层的半透明区域移除条纹。即对Alpha通道解释的处理可分为以下四步：猜测：尝试确定图像中使用的通道类型。忽略：忽视 Alpha 通道内包含的透明度信息。直接——无遮罩：将通道解释为直接通道。预乘——有彩色遮罩：将通道解释为预乘通道，使用拾色器指定预乘通道的背景颜色。

图4-13　Alpha通道解释的几种形式

序列图片导入中对序列图片文件的要求具体为：

①连续画面。

②将素材顺序命名（001-002-003-00x……）的格式。

③修改素材格式为After Effects所支持图片格式。

④导入时，选择序列图片的"首张"，然后勾选序列选项，导入素材放置于时间线面板后会显示序列动画的长度。

⑤如果要导入单张静止图，可以选择某一张并去掉"序列"选项的勾选，导入素材放置于时间线面板后会显示合成总长度。

（2）常用视频格式可以分为以下五种。

①AVI：存在最为广泛，但是是一种容器文件格式，编码格式较多，虽然扩展名都显示为AVI但内部编码各有不同，只有系统安装相应解码器才可以播放。该格式还拥有"无损"方式，不会破坏原始图像，但输出时占用磁盘空间非常大。

②MPEG1、MPEG2（VCD、DVD）：出现较早、兼容性最好，各种DVD或VCD播放机均可播放。该格式尺寸较为固定，并支持"场"。

③MOV：PC与Apple平台的通用视频格式，兼具质量与较好的压缩比。

④WMV：微软推出的具有较高画质和较大压缩比的视频格式。

⑤MP4：MP4也具有多种压缩编码，常用较为优秀的是H.264编码，具有较大压缩比和优秀画质，通用性很强，是目前主流的视频格式之一。

★ 注：场的概念

传统的隔行扫描画面中一帧的画面由奇数场（上场）+偶数场（下场）共同构成，在显示时首先显示第一个场的交错间隔内容，再显示第二个场来填充第一个场留下的缝隙。解决交错视频场的最佳方案是分离场。合成编辑可以将上传到计算机的视频素材进行场分离。通过从每个场产生一个完整帧再分离视频场，并保存原始素材中的全部数据。在对素材进行如变速、缩放、旋转、效果等加工时，场分离是极为重要的。未对素材进行场分离会造成画面中产生严重的毛刺。

（3）常用音频格式有以下四种。

①WAV：无损非压缩的音频格式，尺寸大，但音质最好，通用性强。

②MP3：有损压缩音频，尺寸小，音质随着压缩比变大而变差。

③WMA：微软公司推出的格式，在压缩比和音质方面均优于MP3格式。

④APE、FLAC：无损压缩音频，尺寸较小，但音质优秀。

（4）常用项目格式分为以下两种。

①Adobe Premiere Pro支持和After Effects对应版本的PR工程文件导入。

②After Effects和更高版本二进制项目（AEP、AET）。

★ 注：关于格式转化

由于各种素材编码格式的复杂性，难免出现After Effects所不支持的文件格式，可借助第三方软件进行格式转化后再导入。

# 第四节　After Effects 合成特效工作流程

## 一、合成原理与流程

After Effects 的工作流程基本可以概括为项目准备、创建合成、制作动画、应用特效、合成输出五个步骤，具体来讲分以下几步流程：新建项目，导入素材到项目面板，依据输出要求新建合成，添加素材到时间线面板，结合预览面板进行剪辑合成或特效制作，添加合成到渲染队列面板，输出影片。

### 1.项目准备

（1）新建项目：启动After Effects后，新建一个项目，设置合适的分辨率和帧率。

（2）导入素材：将需要使用的图片、视频、音频等素材导入项目面板中。

### 2. 创建合成

（1）新建合成：在项目面板中，右键点击选择"新建合成"，设置合成的名称、分辨率、持续时间和背景颜色等参数。

（2）添加图层：将导入的素材拖拽到合成面板中，作为图层添加到合成中。

### 3. 制作动画

（1）设置关键帧：在时间线面板中，为图层的位置、大小、旋转等属性设置关键帧，创建动画效果。

（2）调整动画曲线：选中关键帧后，使用曲线编辑器调整动画的速度和加速度，使动画效果更加自然流畅。

### 4. 应用特效

（1）添加特效：在效果与预设面板中，选择需要的特效并拖曳到图层上，为图层添加特效。

（2）调整特效参数：在属性面板中，调整特效的各项参数，以达到理想的视觉效果。

### 5. 合成输出

（1）预览合成：在合成面板中预览动画效果，确保所有元素都按预期运行。

（2）输出设置：在文件菜单中选择"导出">"添加到渲染队列"，设置输出格式、分辨率和帧率等参数。

（3）渲染输出：点击渲染队列中的"渲染"按钮，开始渲染合成。渲染完成后，即可在指定位置找到输出文件。

## 二、"AE动态SHOW"案例简介

本套案例是一个名为"AE动态SHOW"的动效片头动画，详细演示合成特效的制作流程，涵盖导入素材、编辑素材、制作背景、调色基本合成、加入特效、加入动画元素编辑动画、加入音效和最终合成等方面（图4-14）。通过本案例，可以直观学习到特效合成的原理，同时概览After Effects的强大功能与制作方法、流程效果。以下为本案例的关键步骤展开，便于初学者学习，以了解合成原理和流程。

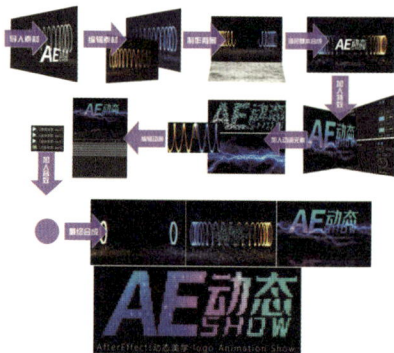

图4-14 "AE动态SHOW"案例简介

## 三、动态片头的设计思维

### 1. 整体设计思路

本项目旨在设计一套After Effects的Slogan（呼号）片头。素材来自静态素材和字体元素Logo，版面设计以当下流行的电影《奇异博士》传送门特效风格为主，色彩丰富，以营造出酷炫的视觉感受（图4-15）。

图4-15　电影《奇异博士》片段

### 2. 平面设计构思

整体设计围绕"AE动态SHOW"的主题，采用黑色背景，营造神秘的视觉效果，平面设计创意思路巧妙融合了视觉对比与动态元素，以蓝色与橙色传送门特效冲击为核心，构建出强烈的视觉冲击力，彰显After Effects动态美学的独特魅力。文字"AE动态SHOW"精准点题，强化了主题，凸显了After Effects在动态视效领域的专业与创新。整体设计通过电流与火花的巧妙运用，营造出浓厚的科技氛围与未来感，瞬间吸引并锁定观众视线。

### 3. 动态设计构思

（1）入场冲屏动画：橙色、蓝色两个传送门特效由画面左右两侧入场，伴随飞溅的火花与电流冲击着屏幕，瞬间带给观众强烈的视觉冲击，引导视线向画面中心汇聚。

（2）传送门滑动动画：橙色、蓝色两个传送门特效由两侧向中心聚集并碰撞，仿佛两个宇宙即将碰撞融合，引导观众视觉焦点向中心集中。

（3）文字动画："AE动态SHOW"文字从屏幕外部呈粒子状汇集，如同宇宙中的星辰汇聚成河，逐步组成粒子文字显现的动态效果，伴随闪电特效增加视觉冲击力。

（4）动态视觉元素：当"AE动态SHOW"文字定版后（图4-16），其色彩开始流动，渐变出迷人的光彩；闪光与光电特效的加入，使整个画面璀璨夺目；同时，添加文字的倒影，不仅增强了空间感，更让整个动态设计显得更为立体与深邃。

图4-16 《AE动态SHOW》成片效果

#### 4. 音乐音效设计

为体现神秘且科幻的气氛，背景音乐选用卡点的节奏音乐，音乐配合点击画面变化，增加氛围感。

## 四、制作流程步骤

### 1. 新建项目

启动After Effects软件，选择菜单文件→新建→新建项目（快捷键Ctrl+Alt+N），点击新建项目，合成大小为1920*1080 25帧/秒，持续时长为8秒（图4-17）。

图4-17 新建项目1

### 2. 项目面板调用素材

在项目面板中的空白处双击鼠标左键，打开导入文件对话框，找到素材文件夹位置，选择"Logo、Logo纹理、地面纹理、光圈素材、光圈音效"，单击"导入"按钮，取消"创建合成"选择，其他按默认值单击确定，完成素材导入（图4-18）。

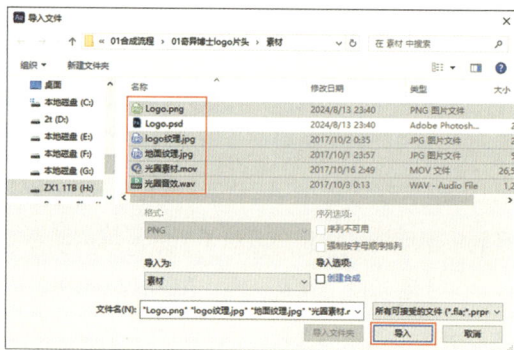

图4-18 导入素材

### 3. 导入素材到时间线

在项目面板中，配合Ctrl或Shift键加选，选择所需导入的素材文件，将其拖拽到合成时间线中，将素材按照层级关系排列好，After Effects的层级关系和PhotoShop类似，上层会覆盖下层内容，所以要注意调整层的叠压次序（图4-19）。

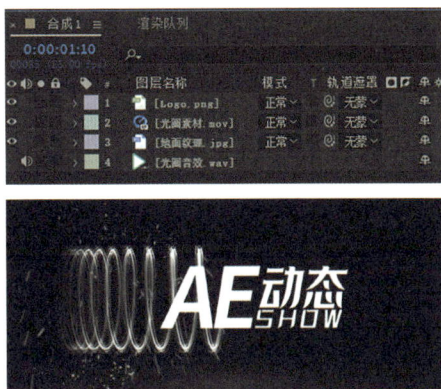

### 4. 传送门特效调整

（1）传送门色彩调整：①选中"光圈素材"，添加效果→颜色调整→三色调，调整参数和效果。并将该层重命名为"光圈素材—橙"（图4-20）。

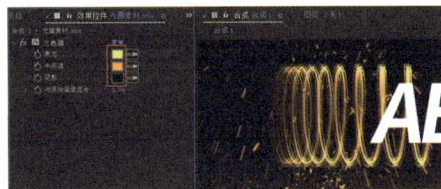

②选中"光圈素材—橙"，按Ctrl+D复制一份，修改效果参数，并将该层重命名为"光圈素材—蓝"（图4-21）。

③将"光圈素材—蓝"层选择菜单→图层→变换→水平翻转，并修改该层的混合模式为"相加"（图4-22）。

（2）添加地面纹理：选择时间线面板"地面纹理"层，将其位置拖拽到光圈素材上方，并修改该层的混合模式为"叠加"（图4-23）。

### 5. "AE动态SHOW"文字特效

（1）粒子汇聚动效：①选择"Logo"层，选择菜单→效果→模拟→CC star burst，在效果控件面板中，调整参数和效果（图4-24），模拟粒子效果。

②在时间线面板调整粒子特效"CC star burst的Scatter参数"，调整参数和关键帧动画效果（图4-25），模拟粒子文字的粒子汇聚特效。

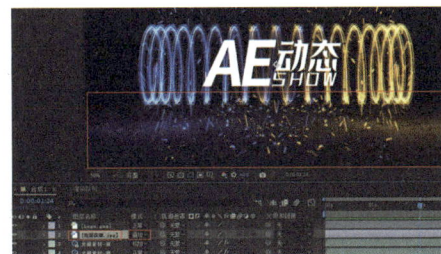

图4-19　导入素材到时间线

图4-20　调整色彩1

图4-21　调整色彩2

图4-22　调整色彩3

图4-23　添加地面纹理

（2）粒子彩色发光动效：①选择"Logo"层，选择菜单→效果→生成→四色渐变，在效果控件面板中，调整参数，模拟粒子文字的色彩效果。

②选择"Logo"层，选择菜单→效果→风格化→发光，在效果控件面板中，调整参数和效果如图（图4-26），模拟粒子文字的发光效果。

③选在时间线面板调整四色渐变特效"点1-4"位置参数动画，时间由4~8秒区间变化，模拟粒子文字的色彩流光动效。

图4-24　粒子汇聚特效

### 6. 闪电动效添加

①选择菜单→图层→新建→纯色，新建一个名为"闪电"的黑色图层，选择菜单→效果→生成→高级闪电，并调整闪电的参数（图4-27），调整完后修改混合模式为"相加"。

②调整闪电类型为"双向击打"即动画为4~5秒原点和方向点由中心点向屏幕两边扩散——5~6秒反向操作的模式闪电扩散和收起的特效（图4-28）。

图4-25　调整粒子参数

图4-26　粒子彩色发光动效

### 7. 副标题文字动画

选择菜单→图层→新建→文本图层，键入文字"After Effects动态美学·Logo Animation SHOW"，并在段落面板修改对齐方式为"居中对齐"，在时间线面板文字层中，添加"字符间距"动画，设置动画关键帧：4秒"字符间距大小为-6"，8秒"字符间距大小为-1"（图4-29），实现副标题文字的展开效果。

图4-27　添加闪电动效

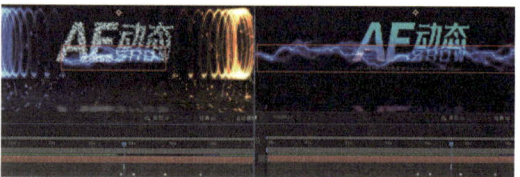

图4-28　闪电特效调整

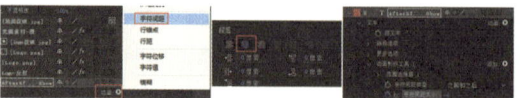

图4-29　副标题文字动画

### 8. 添加文字反射倒影

选择"Logo"层。按Ctrl+D再制一份，修改该层名称为"Logo-反射"，选择图层→变换→垂直翻转并调整该层位置，再为该层添加效果→模糊和锐化→高斯模糊，调整模糊度为28，实现倒影效果（图4-30）。

图4-30　添加文字反射倒影

### 9. 加入音乐、音效

在时间线面板中，将"光圈音效.wav"素材放置于所有层之下，起始位置对齐到时间线的第0：00秒位置，完成音乐和音效的添加。

### 10. 预览与调整

所有素材处理完毕后，按下小键盘（数字键盘）的"0键"，等待时间线上端的绿色缓冲条缓冲完成，即可预览最终合成的效果。同时可以修改相关参数后再次按小键盘"0键"预览合成结果，直到达成满意效果。

### 11. 输出合成

当预览结果没问题后，可以选择菜单→合成→添加到渲染队列（Ctrl+M），设置输出模块为H.264格式，输出到选项设置一个输出目录，最后点击渲染按钮，等待渲染输出完成（图4-31）。

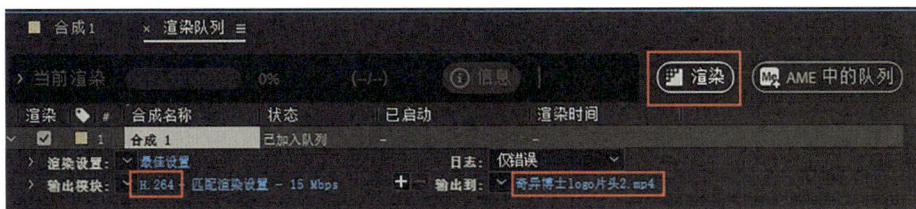

图4-31　输出合成

　★注：本范例采用After Effects 2023版本，如低版本After Effects无此选项，安装Adobe Media Encoder也可完成H.264格式输出。

## 12. 最终合成效果

合成后输出该视频，即可展现最终效果（图4-32）。

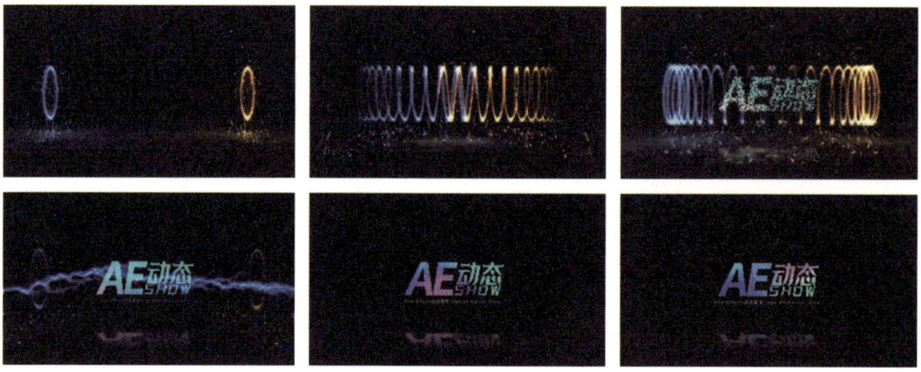

图4-32　成片效果1

---

● 思考与练习

1.如何通过动态美学思维设计一套动态设计作品？并解释设计理念。

2.请分析特效合成的一般流程，包括素材整理、合成设置、特效添加与调整、预览与修正等步骤，并提出至少两项可以优化特效合成流程的策略或技巧。

3.选择一个你熟悉的品牌或产品，设计并制作一个动态片头。在制作过程中，请详细记录你所使用的特效类型（如文字动画、粒子效果、色彩校正等）、合成技巧、时间线管理以及遇到的技术难题及解决方案。

第五章
After Effects
常用技术
操作

## | 教学目标 |

本章旨在使学生熟练掌握After Effects的常用技术操作，包括图层操作、关键帧动画、效果与预设、蒙版与遮罩、绘画类工具及人偶工具等。通过结合拓展知识和创意应用，学生能够高效构建动态图形，并实现具有视觉冲击力的动态特效效果。

## | 教学重点 |

1.熟练掌握After Effects的图层操作、关键帧动画、效果与预设、蒙版与遮罩等常用技术操作。

2.了解并掌握绘画类工具及人偶工具的使用，以及插件、脚本的安装使用与常用推荐。

## | 推荐阅读 |

[1]李伟. After Effects实例教程[M]. 2版. 北京：人民邮电出版社，2024.

[2]曹茂鹏. 中文版After Effects 2023完全案例教程[M]. 北京：中国水利水电出版社，2023.

## | 教学实践 |

本章教学实践环节将围绕"陪你去旅行"动效设计案例展开。学生将分组进行案例分析，通过实际操作After Effects软件，熟练掌握图层操作、关键帧动画、效果与预设、蒙版与遮罩等技术操作。同时，鼓励学生探索绘画类工具及人偶工具的使用，以及对插件、脚本的拓展应用。通过实践项目的完成，使学生能够将技术操作与创意融合，创作出具有视觉冲击力的动态作品。

**本章知识要点：**

After Effects知识要点在于其常用技术操作与拓展知识结合创意应用。通过掌握图层操作、关键帧动画、效果与预设、蒙版与遮罩、文本动画、3D动画、绘画类工具及人偶工具、渲染及输出等基础操作，可以高效构建动态图形。结合效果应用与设置，实现动态特效效果，如"陪你去旅行"特效片头中模拟的旅行风光，增强了视觉冲击力。通过实践项目如旅行片头，将技术操作与创意融合，提升动画设计与制作能力。本章知识要点在于技术操作的熟练掌握与拓展知识的灵活应用，以及如何通过创意实践提升作品质量。

After Effects是一款强大的动画、视觉效果和电影合成软件，广泛应用于电影、电视和游戏视频创作。After Effects的常用技术除上一章节讲解的工作区布局之外，还涉及设计图层操作、关键帧动画、效果与预设、蒙版与遮罩、文本动画、3D动画、表达式、渲染及输出等几大常用技术操作，掌握这些技术要素，是应用After Effects做好动态视效创作的基本要求，本章将以上主要技术要点整理归纳，通过本章学习掌握After Effects特效制作的常规技术要点。

**扩展知识**

After Effects的功能和效果可通过多种插件得到极大拓展，如Trapcode Suite用于创建粒子和三维效果，Optical Flares能制作逼真的镜头光晕和光线效果，而Element 3D则允许用户在After Effects中直接创建三维对象和场景。此外，After Effects还支持高级动画技术，如路径动画、形状图层动画以及信息图表动画，这些技术结合相应的插件，如Elementary，可制作出更为复杂和吸引人的视觉效果。在团队协作方面，After Effects支持与Frame.io等第三方平台集成，实现高效的协作和版本控制。

# 第一节　图层的常用操作

## 一、图层的种类

After Effects的图层类型分以下五种:

### 1. 普通层

基于导入的素材项目（例如图像、影片和音频轨道）的视频和音频图层（图5-1）。

### 2. 特殊层

在 After Effects 内创建的用来执行特殊功能的图层。例如，摄像机、光照、调整图层、文本图层和空对象的图层（图5-2）。需要注意的是，空对象层不可渲染，往往在动画制作上进行连接设置。

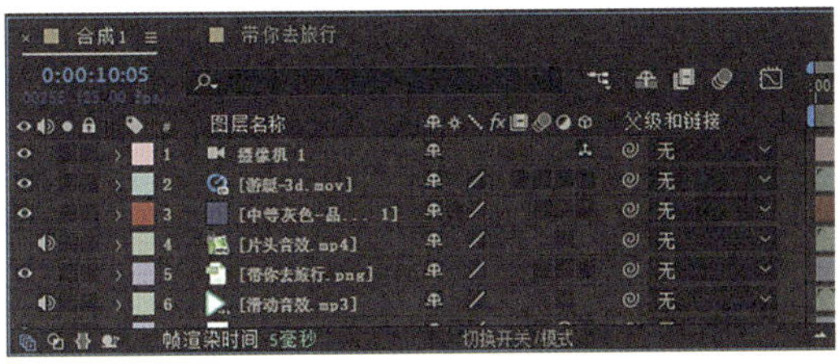

图5-1　普通层

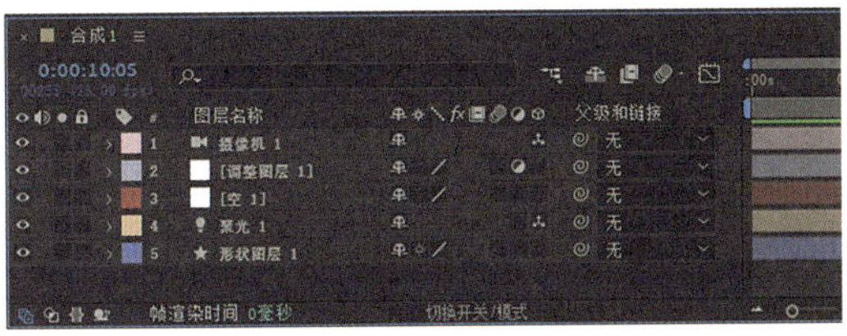

### 3. 纯色层

基于用户在 After Effects 内创建的纯色素材项目的纯色图层，常用来制作背景、渐变、其他特效的层载体（图5-3）。

图5-2　特殊层

图5-3　纯色层

### 4. 预合成层

使用合成作为其源素材项目，可将多个图层预合成为一个层，便于图层的整理和整体添加特效等（图5-4）。

图5-4　预合成层

### 5. 文本层

After Effects 中的文本对象是通过创建文本图层来应用的，同样具有和普通图层类似的属性，同时具有文本层的特殊属性，主要由字符、段落和文本动画属性构成：

（1）文本字符属性：可以调节字体、字号、颜色、行距间距、比例等（图5-5）。

图5-5　文本字符属性

（2）文本段落属性：可以调节对齐方式、缩进方式、段落间距等（图5-6）。

（3）文本动画属性：由于文本图层具备一些特殊的属性，因此在设置文本图层的动画属性时，可以通过源文本动画或动画选择器进行设置（图5-7）。

图5-6　文本段落属性

## 二、图层操作

### 1. 选择图层

（1）要选择图层，在"合成"面板中单击该图层，在"时间轴"面板中单击其名称或持续时间条，或在"流程图"面板中单击其名称。

（2）要通过位置编号选择图层，可以在数字键盘上输入图层编号。如果图层编号具有多个数字，可以快速输入数字，选择对应编号的层。

图5-7　文本动画属性

（3）要选择堆积顺序中的下一个图层，可以按快捷键Ctrl+向下箭头键。要选择上一个图层，可以按快捷键Ctrl+向上箭头键。

（4）要选择所有图层，可以在"时间轴"或"合成"面板处于活动状态时选择"编辑"→"全选"。

（5）要取消选择所有图层，选择"编辑"→"取消全选"。如果选择了合成的"隐藏隐蔽图层"开关，则在"时间轴"面板处于活动状态时使用"全选"避免选择隐蔽图层。

（6）要取消选择任何当前所选图层并选择所有其他图层，在至少选择了一个图层的情况下，从"合成"或"时间轴"面板中的上下文菜单中选择"反向选择"。

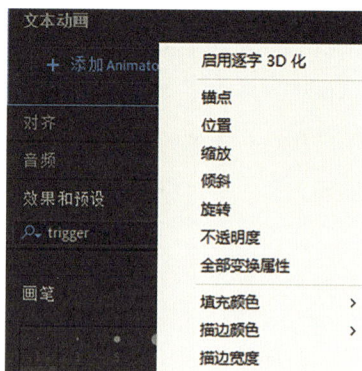

（7）要选择使用相同颜色标签的所有图层，单击"时间轴"面板中的颜色标签，选择"选择标签组"，或选择具有该颜色标签的图层，再选择"编辑"→"标签"→"选择标签组"。

（8）要选择分配给父图层的所有子图层，可以选择该父图层，从"合成"或"时间轴"面板中的上下文菜单中选择"选择子项"。子图层将添加到现有所选图层中。

（9）更改选定图层的堆积顺序可在"时间轴"面板中，将图层名称拖动到图层堆积顺序中的新位置。或配合快捷键，若要在图层堆积顺序中将所选图层向上移动一级，可以按快捷键Ctrl+Alt+向上箭头键；反之，按快捷键Ctrl+Alt+向下箭头键。要将所选图层移动到图层堆积顺序顶端，可以按快捷键Ctrl+Alt+Shift+向上箭头键；要将所选图层移动到底部，按快捷键Ctrl+Alt+Shift+向下箭头键。

★注：图层在"时间轴"面板中的垂直排列称为图层堆积顺序，它与渲染顺序直接相关。用户可以通过更改图层堆积顺序来更改图层相互合成的顺序。由于3D图层具有深度属性，因此3D图层在"时间轴"面板中的堆积顺序不一定指示它们在合成中的空间位置。

### 2. 层的复制、重复、拆分、重命名

（1）在复制图层时，可复制其所有属性，包括效果、关键帧、表达式和蒙版。复制图层是一个快捷方式，通过它，用户可以使用复制（快捷键Ctrl+C）命令复制图层到内存中。复制具有轨道遮罩的图层会保持图层及其轨道遮罩的相对顺序。在粘贴图层（快捷键Ctrl+V）时，将按用户在复制之前选择的顺序进行放置。所选的第一个图层是最后放置的图层，以使其位于图层堆积顺序的顶端。如果用户首先从顶端选择图层，在粘贴时，这些图层会采用相同的堆积顺序。

★注：这种复制方式可以在不同合成面板之间复制图层。

（2）重复图层，是将图层创建一个副本的复制方式，选择要重复的图层，选择菜单→编辑→重复（快捷键Ctrl+D）即可复制该图层副本。

★注：这种复制方式仅可以在一个合成面板中复制图层。

（3）拆分图层，是将选中图层的入点和出点之间的内容在时间线位置拆分成

同名但分层但两段，选择要拆分的图层，选择菜单→编辑→拆分图层（快捷键Ctrl+Shift+D）即可拆分该图层（图5-8）。

图5-8 拆分图层

（4）层的出点与入点，图层的入点即图层有效区域的开始点，出点则为图层有效区域的结束点。设置图层的入点和出点有三种方式：

①拖曳：选择目标图层，拖曳图层对应矩形条的左右边界，即可设置图层的入点与出点。

②快捷键设置：拖曳时间指示器至入点位置，按快捷键Ctrl+[可设置入点、拖曳时间指示器至出点位置，按Ctrl+]可设置出点。

③精确设置：单击"时间轴"面板左下角的██图标，在"入"栏和"出"栏中可精确设置图层的入点与出点（图5-9）。

图5-9 时间轴出入点

（5）重命名图层，可以将图层名称自定义，由于几乎所有合成项目都具有很高的复杂性，用户最好养成良好的命名习惯，良好的命名不但可以让图层堆栈清晰明了，还可以方便其他团队成员接手工作。重命名的方法可以在选择层上点击右键，选择重命名，或者直接在选择层上按回车键，即可重命名（图5-10）。

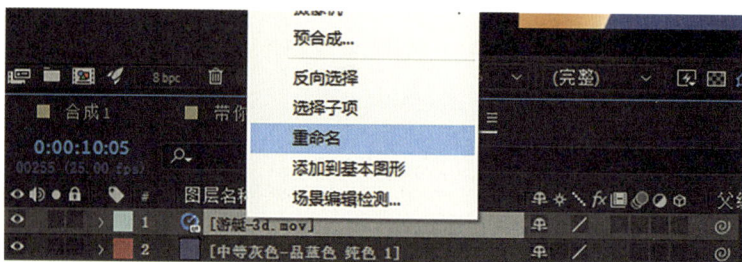

图5-10 重命名图层

## 三、图层属性

每个图层均具有属性，用户可以修改其中许多属性并为其添加动画设置。每个图层具有一个基本属性组"变换"组，其中包括"位置"和"不透明度"属性。在将某些功能添加到图层中时（例如通过添加蒙版或效果，或通过将图层转换为 3D 图层），该图层将获得收集在属性组中的其他属性。所有图层属性都是时间性的，它们会随着时间的推移更改图层。一些图层属性（例如"不透明度"）仅具有时间属性。一些图层属性（例如"位置"）还具有空间性，它们可以跨合成空间移动图层或像素。用户可以扩展图层轮廓以显示图层属性并更改属性值。大多数属性具有码表，用户可以为具有码表的任何属性制作动画。

图层变换属性包括以下六个常用属性（图5-11）。

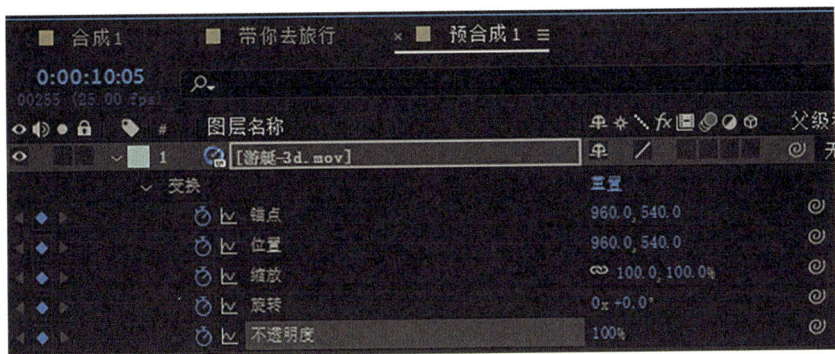

图5-11　图层变换属性

（1）锚点：变换围绕图层的锚点（有时称为变换点或变换中心）发生（例如旋转和缩放）。默认情况下，大多数图层类型的锚点位于图层的中心。可通过在时间线拖拽鼠标修改参数、直接输入参数、合成面板拖拽操作等几种方式修改参数（图5-12）。在时间线中单独打开此属性的快捷键是 A 键。

（2）位置：修改当前图层的位置属性。可通过在时间线拖拽鼠标修改参数、直接输入参数、合成面板拖拽操作等几种方式修改参数（图5-13），如果制作了位移动画，会在合成视图显示运动路径。在时间线中单独打开此属性的快捷键是 P 键。

图5-12　图层"锚点"属性

（3）缩放：以锚点为中心对对象进行等比或非等比缩放。可通过在时间线拖拽鼠标修改参数、直接输入参数、合成面板拖拽操作等几种方式修改参数（图5-14），如果要等比例缩放可以配合Shift键。在时间线中单独打开此属性的快捷键是S键。

图5-13　图层"位置"属性

图5-14　图层"缩放"属性

（4）旋转：以锚点为中心对对象进行旋转操作。可通过在时间线拖拽鼠标修改参数、直接输入参数、合成面板用旋转工具拖拽操作等几种方式修改参数（图5-15）。在时间线中单独打开此属性的快捷键是R键。

（5）不透明度：对对象不透明度进行调整。可通过在时间线拖拽鼠标修改参数、直接输入参数等几种方式修改不透明度（图5-16）。在时间线中单独打开此属性的快捷键是T键。

图5-15　图层"旋转"属性

图5-16　图层"不透明度"属性

（6）重置：重置素材初始状态。

★注：当需要在时间线面板同时显示多个属性参数时，可先按一个属性的快捷键显示当前属性，再配合Shift键+某个属性快捷键同时显示多个属性。还可以展开箭头显示出所有图层属性后按Shift+Alt键+单击属性名称，隐藏该属性的显示。如果需要显示有关键帧的图层属性时，可以选中图层直接按U键显示出关键帧，按UU键可以显示出所有变动数值的属性。

# 第二节　关键帧与时间轴

## 一、关键帧的概念与种类

关键帧是影视动画中的一个重要概念，是影视画面或动画画面的关键点、关键画面，影视动画中每一个动态画面都是由若干连续的静止画面构成，而每一个静止画面叫"帧"，所以能表现影视动画关键状态的画面就叫"关键帧"。具体落实到影视动画类制作软件中，制作者对不同时间、地点的目标属性进行修改后，计算机会记录该时间地点的关键信息，该点也就成为关键帧。不同状态、不同属性的关键帧之间的过渡变化，就成了关键帧动画的画面。在After Effects中，关键帧标记在时间线面板会显示出以下这几种常见形式（图5-17）。

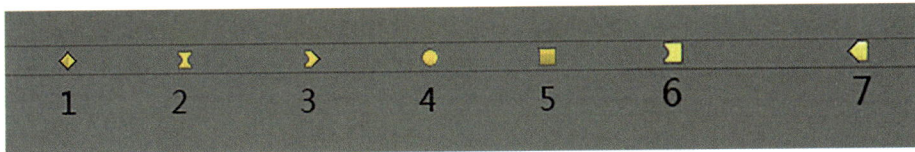

图5-17　关键帧

第一种即默认的菱形关键帧。

第二种是缓入缓出关键帧，能够使动画运动变得平滑，按 F9 键可以实现。

第三种是箭头形状关键帧，与缓入缓出关键帧类似，只是实现动画的一段平滑，包括入点平滑关键帧和出点平滑关键帧。入点关键帧可以按键盘Shift+F9实现，出点是Ctrl+Shift+F9实现。

第四种是圆形关键帧，也属于平滑类关键帧，使动画曲线变得平滑可控，实现方法是按住Ctrl键点击关键帧。

第五种是正方形关键帧，这种关键帧比较特殊，是硬性变化的关键帧，在文字变换动画中常用，可以在一个文字图层改变多个文字源，以实现不用多个图层就能做出不一样的文字变换的效果，在文字层的来源文字选项上打上关键帧即可。

第六种是曲线关键帧转换成停止关键帧后的状态。

第七种是普通线性关键帧转换为停止关键帧时候的状态，让期间的动画停下来。

## 二、关键帧的编辑

After Effects中，大部分的属性都可以设置关键帧，例如常见的位置、旋转、比例、透明度、定位点等都可以设置关键帧动画。另外，很多特效的参数、遮罩、色彩、音频等也可以设置关键帧动画。这些可以设置动画的参数在相应的面板中都会显示一个"动画计时器"按钮，习惯上称其为"码表"，码表的显示状态有开和关两种状态。当码表打开时，相应时间线位置会自动出现一个关键帧标记，当对时间线不同位置修改不同的参数时，都可以对应记录关键帧。

位于激活的"码表"左侧会显示出的双向箭头图标叫作"关键帧导航器"，单击该按钮的菱形图标，可以在时间线位置添加或删除关键帧，单击"关键帧导航器"的向左或向右箭头可实现时间线跳转到上一个或下一个关键帧位置。如果取消"码表"的激活，会删除当前属性的所有关键帧，"关键帧导航器"的按钮也随之消失（图5-18）。

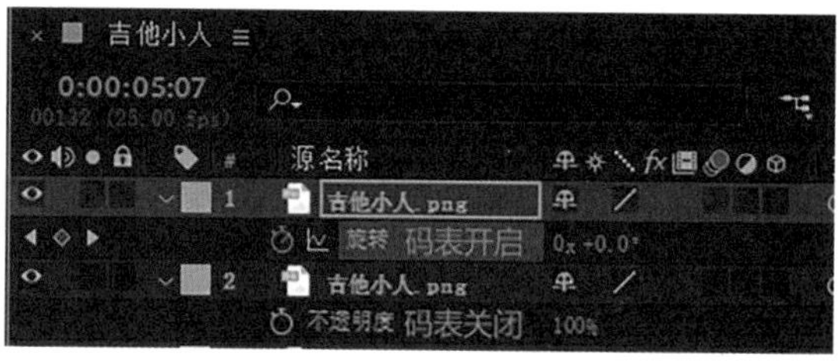

图5-18　关键帧导航器

在一个合成项目中，对关键帧动画的调节非常频繁，经常需要编辑关键帧，对关键帧的编辑主要是选择、移动、复制和修改关键帧参数这四项。在编辑关键帧时，首先选定要修改的关键帧，再对其属性进行修改。

### 1. 选择关键帧

（1）在时间线面板单击关键帧，关键帧变为蓝色外框为选中状态。多选时可以配合键盘的Shift键进行单击加选或取消加选。

（2）在时间线面板框选所需关键帧，可以一次性大范围选择多个关键帧。

（3）单击该属性的名称可以一次性选中该属性的所有关键帧。

### 2. 移动关键帧

（1）在时间线面板选中要移动的关键帧，拖动鼠标将关键帧移动到新的位置。

（2）先将时间线放置于新目标位置，选中关键帧配合Shift键拖动，到时间线附近时关键帧会自动吸附在时间线位置上。

（3）选中要移动的关键帧，按住Alt键，按键盘左右键向左或向右精确移动关键帧。

### 3. 复制关键帧

（1）选择关键帧，使用快捷键Ctrl+C复制，移动鼠标把时间指针移到目标位置按Ctrl+V粘贴。如果是多个关键帧，直接框选后进行复制粘贴。

（2）复制完一层的关键帧后，还可选中别的图层进行粘贴，但两个图层要具有一致的属性。粘贴的关键帧起点会出现在时间线所在位置。

### 4. 修改关键帧参数

（1）双击关键帧，在弹出的面板中修改其参数。

（2）在一个属性中的多个关键帧可以统一修改，框选关键帧，统一修改参数即可。

（3）修改关键帧类型，可以单击"图表编辑器"按钮，进行关键帧编辑（图5-19）。

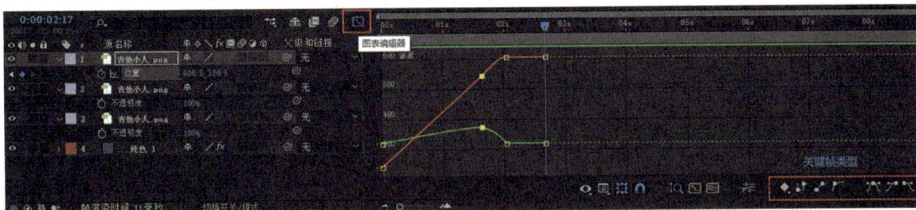

图5-19　图表编辑器

### 5. 删除关键帧

（1）选择一个或多个关键帧按Del键。

（2）如果要删除该属性所有关键帧，直接关闭"码表"即可。

## 三、时间轴的操作

"时间轴"面板中使用频率较高的是时间指示器，下面重点介绍时间指示器的作用和使用方法以及如何控制时间轴的显示比例，以便后续更好地进行动态图形设计。

### 1. 时间指示器

时间指示器的外观呈▼，其下会同步跟随一条蓝色竖线，拖曳时间指示器，可以确定关键帧等对象的位置。另外，将时间指示器定位到某个位置后，按B键可快速确定工作区域的开头位置，按N键则可确定工作区域的结尾位置。

### 2. 时间轴的显示比例

时间轴（图5-20）的显示比例可根据需要随时调整，具体方法主要有以下两种：

（1）拖曳时间导航器：在时间指示器上方灰色矩形条左右两侧会显示时间导航器，左侧为时间导航器开始，右侧为时间导航器结束，拖曳时间导航器便可调整时间轴的显示比例。

（2）缩小或放大时间轴：拖曳时间轴底端的圆形滑块，可以随时缩小或放大时间轴。

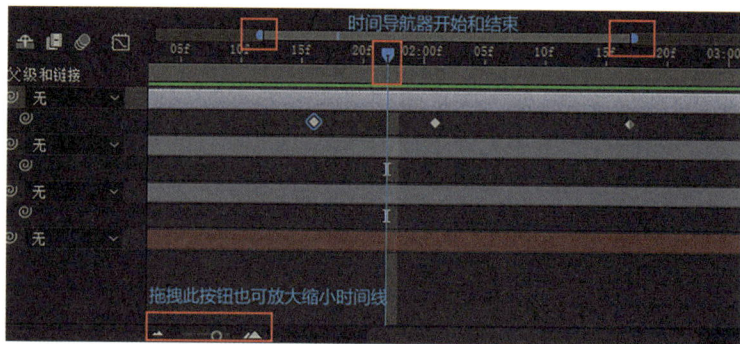

图5-20　时间轴

# 第三节　图层混合模式、蒙版与遮罩

## 一、图层的混合模式

图层的混合模式控制每个图层如何与它下面的图层混合或交互。After Effects中的图层的混合模式与Photoshop中的混合模式相似。值得注意的是After Effects无法通过使用关键帧来直接为混合模式制作动画。要在某一特定时间更改混合模式，用户可以在该时间拆分图层，并将新混合模式应用于图层的延续部分；也可以使用"复合运算"效果，其结果类似于混合模式的结果，但可以随着时间的推移而更改（图5-21）。

图5-21　图层混合模式

由于图层混合模式较多，在这里列举几个实例进行直观说明——叠加效果（图5-22）。

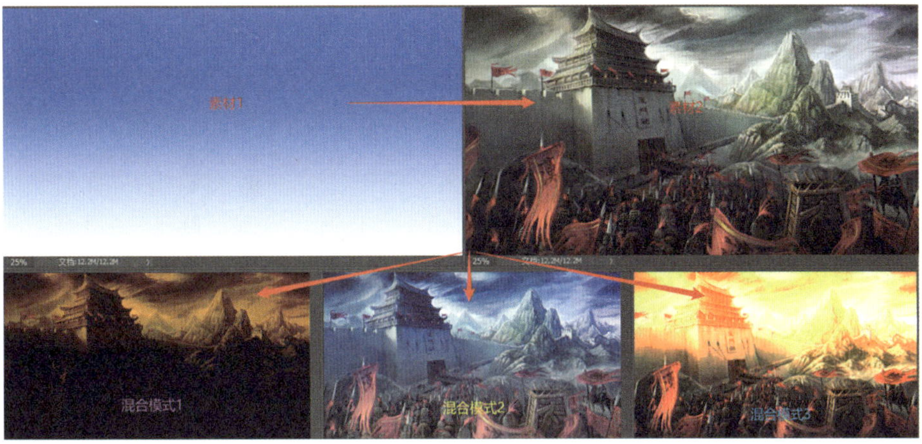

图5-22 图层混合模式效果1

部分如叠加、相加、变暗等混合模式可以轻松去除纯黑或纯白像素，常用作黑、白色背景的光效层混合以及制作光斑、发光等特效（图5-23）。

图5-23 图层混合模式效果2

★注：要循环查看所选图层的混合模式，可按住Shift键并按主键盘上的–（连字符）或＝（等号）。

## 二、蒙版与遮罩

### 1. 图层的蒙版

After Effects 中的蒙版是一个用作参数来修改图层属性、效果和属性的路径。蒙版的最常见用法是修改图层的 Alpha 通道，以确定每个像素的图层透明度。蒙版的另一常见用法是用作对文本设置动画的路径。

闭合路径蒙版可以为图层创建透明区域。开放路径无法为图层创建透明区域，但可用作效果参数。可以将开放或闭合蒙版路径用作输入的效果包括描边、路径文本、音频波形、音频频谱以及勾画。可以将闭合蒙版（而不是开放蒙版）用作输入的效果包括填充、涂抹、改变形状、粒子运动场以及内部、外部键。

蒙版属于特定图层，每个图层可以包含多个蒙版。

用户可以使用形状工具在常见几何形状（包括多边形、椭圆形和星形）中绘制蒙版，或使用钢笔工具来绘制任意路径。

虽然蒙版路径的编辑和插值可提供一些额外功能，但绘制蒙版路径与在形状图层上绘制形状路径基本相同。用户可以使用表达式将蒙版路径连接到形状路径，能使蒙版的优点融入形状图层，反之亦然。

蒙版在"时间轴"面板上的堆积顺序的位置会影响它与其他蒙版的交互方式。用户可以将蒙版拖到"时间轴"面板中"蒙版"属性组内的其他位置。

### 2. 蒙版创建与蒙版属性

（1）创建蒙版：选择"钢笔工具"或"形状工具"均可在素材图层上绘制出闭合的蒙版区域，默认情况下，闭合蒙版的内部为不透明，外部为透明（图5-24）。

（2）编辑蒙版：创建好的蒙版可以用钢笔工具和选择工具编辑路径节点来改变蒙版形状，还可在选中蒙版后选择菜单→编辑→清除，来删除当前蒙版。

（3）蒙版属性：展开时间线面板中蒙版选项可对蒙版相关属性进行修改（图5-25）。

①要反转特定蒙版的内部和外部，在"时间轴"面板中选择蒙版名称旁边的"反转"。

②蒙版路径：点击时间线面板中蒙版路径选项，可以对蒙版四角数值修改。

③蒙版羽化：通过按用户定义的距离使蒙版边缘从透明度更高逐渐减至透明度更低，可以对蒙版边缘进行柔化。使用"蒙版羽化"属性，可以将蒙版边缘变为硬边或软边（羽化）。

图5-24 图层蒙版

图5-25 蒙版属性

④蒙版不透明度：修改蒙版遮蔽部分的透明度。

⑤扩展或收缩蒙版边缘：要扩展或收缩受蒙版影响的区域，可以使用"蒙版扩展"属性。

### 3. 图层的遮罩

遮罩和蒙版作用类似但有所区别，它是利用图层（图层的Alpha通道或亮度信息）来定义该图层或其他图层的透明区域，白色定义不透明区域，黑色定义透明区域。Alpha通道通常用作遮罩，除了利用Alpha通道外，还经常利用图像的亮度信息作为"轨道遮罩"来遮蔽画面局部（图5-26），在使用遮罩前，需要合理调整遮挡图层与被遮挡图层的位置，然后在"轨道遮罩"栏的下拉列表框中选择遮罩选项。应用遮罩后，被遮挡图层的颜色会受到遮挡图层颜色的映射，遮挡图层的"隐藏"图标会自动关闭。

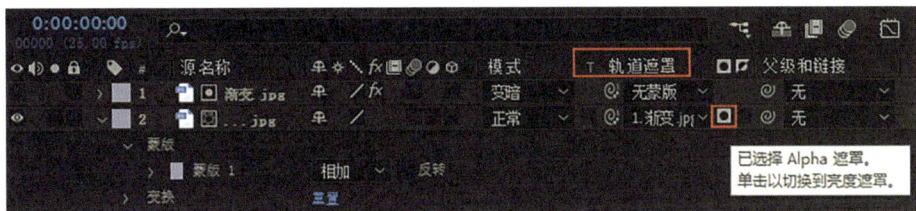

图5-26　轨道遮罩

在时间线面板的"轨道遮罩（TrkMat）"选项中，可以有四种轨道遮罩形式选择。

（1）Alpha遮罩：利用上层素材的Alpha通道作为遮罩依据。

（2）Alpha反转遮罩：利用上层素材的反向Alpha通道作为遮罩依据。

（3）亮度遮罩：利用上层素材的亮度信息作为遮罩依据。

（4）亮度反转遮罩：利用上层素材的反向亮度信息作为遮罩依据。

# 第四节　笔刷类工具及人偶工具

## 一、笔刷类工具

绘画工具包括笔刷工具 、仿制图章工具 、橡皮擦工具 、Roto笔刷工具 ，在功能和使用上都非常类似于Photoshop的对应同名工具，用户可以在"图层"面板中使用各种绘画工具将绘画描边应用于图层。绘画工具可以修改图层区域的颜色或透明度而不修改图层源的笔刷笔迹。每个绘画描边都有各自的持续时间条、"描边选项"属性和"变换"属性，可以在"时间轴"面板中查看和修改这些属性。默认情况下，每个绘画描边会根据创建它的工具命名，并包含一个表示其绘制顺序的数字。在绘制绘画描边后，可以随时修改和动态显示每个属性，所用方法与用来修改图层属性和持续时间的方法相同。用户可以将绘画描边路径属性复制到蒙版路径、形状图层路径和运动路径的属性中，或者从这些属性中复制绘画描边路径属性。

★注：要在应用绘画描边之前指定其设置，可以使用"绘画"和"笔刷"面板。要在应用绘画描边之后更改和动画显示绘画描边的属性，可以在"时间轴"面板中处理描边的属性。单个笔刷的笔迹沿每个绘画描边分布，笔迹看起来似乎合并在一起，以便使用默认设置形成连续的描边。

### 1. 笔刷类工具和描边的常见操作

（1）按PP显示"时间轴"面板中所选图层的绘画描边。

（2）要在"图层"面板中选择绘画描边，可以使用选择工具单击绘画描边，或在多个绘画描边的部分周围拖出一个框。

（3）要仅在"时间轴"面板中显示选定的绘画描边，可以选择绘画描边并按SS。

（4）要重排绘画描边在绘画效果实例中的顺序，可以将绘画描边拖到"时间轴"面板内的堆积顺序中的新位置。

### 2. "绘画"面板中的常见设置

（1）不透明度：对于笔刷和仿制描边，是指已应用最大数量的颜料。对于橡皮擦描边，是指已移除最大数量的颜料和图层颜色。

（2）流量：对于笔刷和仿制描边，是指涂上颜料的速度。对于橡皮擦描边，是指去除颜料和图层颜色的速度。

（3）模式：底层图像的像素与笔刷或仿制描边所绘制的像素的混合方式。

（4）通道：笔刷描边或仿制描边影响的图层通道。在选择Alpha通道时，描边仅影响不透明度，因此色板是灰度模式。使用黑色绘制Alpha通道与使用橡皮擦工具的结果相同。

（5）描边选项：绘画描边的细节选项，并且可以设置动画关键帧。

### 3. 笔刷属性

在"图层"面板中按住Ctrl键拖动笔刷可调整直径；松开按键并继续拖动可调整硬度。

（1）直径：控制笔刷大小。

（2）角度：椭圆笔刷的长轴在水平方向旋转的角度。

（3）圆度：笔刷的长轴和短轴之间的比例。100%表示圆形笔刷，0%表示线性笔刷，介于两者之间的值表示椭圆笔刷。

（4）硬度：控制笔刷描边从中心的100%不透明到边缘的100%透明的过渡。即使使用高硬度设置，也只有中心是完全不透明的。

（5）间距：描边中笔刷与笔迹之间的距离，以笔刷直径的百分比量度。如果取消选择此选项，间距将由用户拖动以创建描边的速度确定。

（6）画笔动态：指设置中确定压力敏感型数位板（如Wacom数位板）的功能如何控制并影响笔刷笔迹。对于每个笔刷，用户可以对"大小"选择"笔头压力""笔倾斜"或"笔尖转动""角度""圆度""不透明度"以及"流量"，以指示不同数位板功能来控制笔刷笔迹。

### 4. Roto笔刷工具和优化边缘工具

（1）Roto笔刷：使用Roto笔刷可以创建初始遮罩，将物体从其背景中分离，同时还可以在前景和背景元素的典型区域中进行描边。随后After Effects会使用该信息在前景和背景元素之间创建分段边界。Roto笔刷在使用上类似PhotoShop中的快速选择工具，画笔走过的位置会自动侦测附近选区并变成遮罩，按Alt键绘制还可以减掉多余的笔刷范围（图5-27）。

图5-27 Roto笔刷工具

（2）调整边缘工具：使用调整边缘工具，可以通过创建包含精细细节（例如毛发）的部分透明边缘区域，改善现有的遮罩效果，同样可以配合Alt键来减掉不需要的笔刷区域（图5-28）。

图5-28 Roto笔刷调整边缘工具

★注：Roto笔刷工具与绘画工具共享一些功能，很多时候用户可以像使用绘画描边一样使用 Roto 笔刷描边。

## 二、人偶工具

使用人偶工具（图5-29）可将静止图像、形状和文本字符加入变形网格中，应用操控效果时，将根据用户放置和移动的控点位置来使图像的某些部分变形。这些控制点明确了图像在操作过程中哪些部分需要移动、哪些部分应保持静止，以及在图像各部分重叠时，哪些部分应优先显示在前景。这种精确的控制机制确保了图像变形的准确性和视觉效果的连贯性。

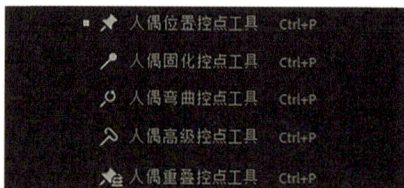

图5-29　人偶控点工具

每个操控工具（图5-30）都可用于放置和修改某种特定类型的控点：

图5-30　操控工具

### 1. 人偶位置控点工具

用于设置和移动位置控点，位置控点如同提线木偶中的提线连接处，在查看器面板中以黄色点表示。

### 2. 人偶固化控点工具

用于设置固化控点（也称为"扑粉"控点），受固化的部分不易发生弯曲变形，在查看器面板中以红色点表示。

### 3. 人偶弯曲控点工具

用于设置弯曲控点，允许对图像的某个部分进行缩放、旋转，同时又不改变位置。在查看器面板中以棕色点表示。

### 4. 人偶高级控点工具

用于设置高级控点，可用它们完全控制部分图像的缩放、旋转及位置。在查看器面板中以绿色点表示。

### 5. 操控重叠控点工具

使用此工具可放置叠加控点，它指示在扭曲导致图像各个部分互相重叠时，图像的哪些部分应当位于其他部分的前面。

★注：利用人偶控点工具，可以改变人偶形态，并且可以制作类似骨骼操纵动画。同时，要显示网格，可以在"工具"面板中选择"显示"。

# 第五节　特效的应用与设置

After Effects特效类似Photoshop中的滤镜，但其属于动态层级的特效，所有特效都可以通过设置得到动态效果。在动态图形设计的过程中，充分应用特效不仅能提高操作效率，而且能制作出十分专业和精彩的画面。

## 一、添加特效

After Effects内置大量特效，添加特效可以通过以下两种方式添加：

第一种即通过菜单添加：点击菜单→效果菜单添加或通过在素材层点击右键，在弹出菜单→效果菜单添加（图5-31）。

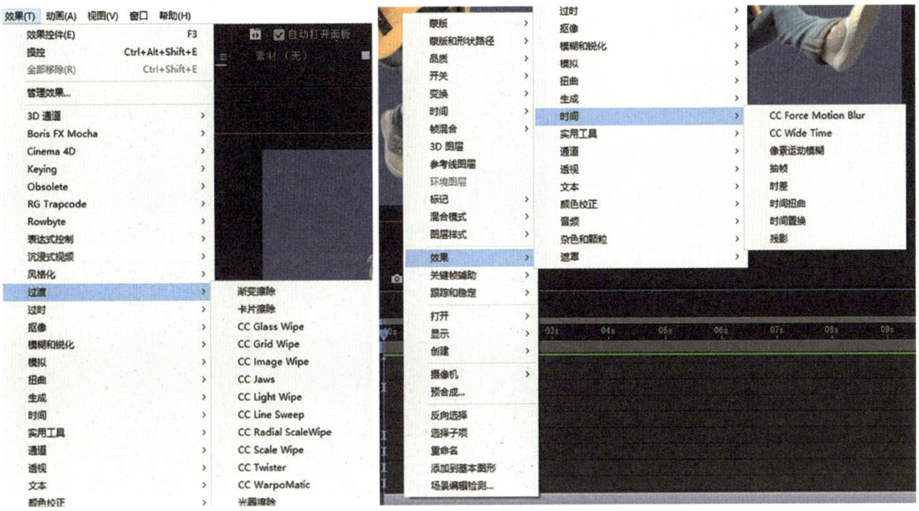

图5-31　添加特效1

第二种是通过"效果和预设"面板添加：选择"时间轴"面板中的目标图层，在"效果和预设"面板中选择所需的特效，将其拖曳到目标图层上，也可以直接在搜索栏中搜索所需特效（图5-32）。

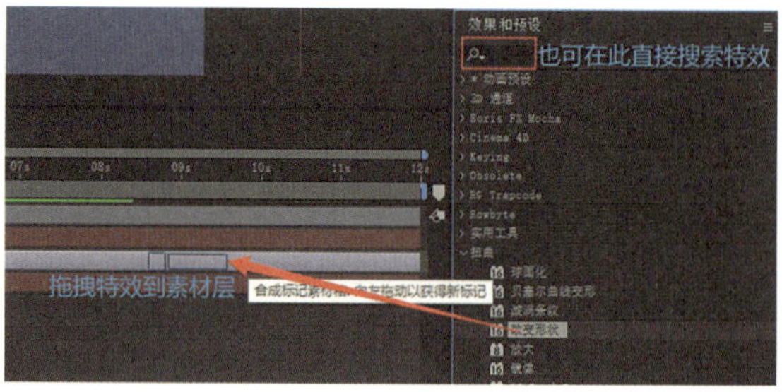

图5-32　添加特效2

## 二、修改和删除特效

### 1. 修改特效方法一

为图层添加特效后，图层名称右侧会显示"效果"图标 $fx$，此时展开图层，可看到"效果"栏目，继续展开该栏目，即可修改添加的特效（图5-33）。

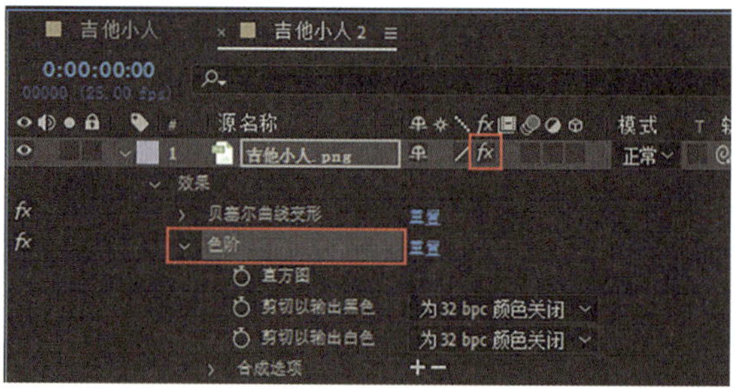

### 2. 修改特效方法二

由于很多特效具有非常复杂的参数，所以更常用的修改特效的方法是通过"窗口"菜单显示"效果控件"面板，该面板一般位于"项目"面板右侧，在其中可以更加方便地修改特效的各种参数（图5-34）。

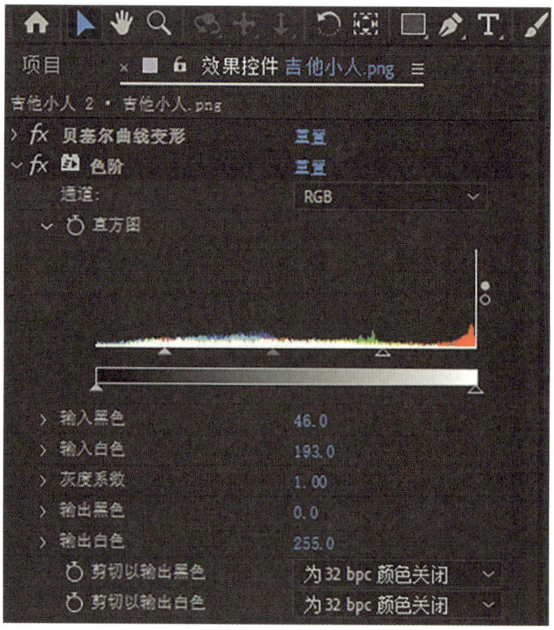

### 3. 删除特效方法

在"时间轴"面板选择图层中的特效选项，或在"效果控件"面板中选择特效名称，按Delet键即可。如果不想删除特效只想临时关闭特效来查看画面内容，可以单击"时间

图5-33　修改特效1

图5-34　修改特效2

轴"面板中该特效左侧的"效果"图标，需要注意的是，临时关闭的特效不仅不会在"合成"面板中显示，在预览和渲染时也不会出现（图5-35）。

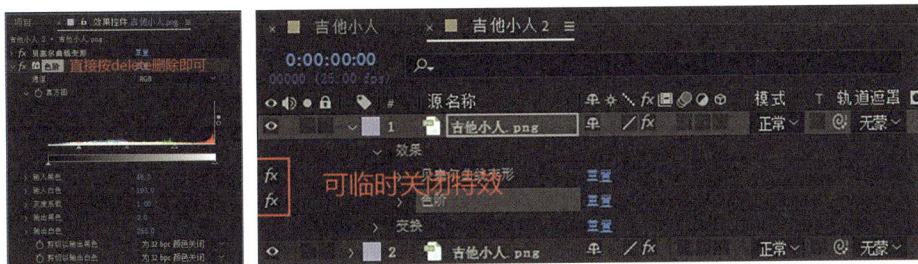

图5-35 删除特效

# 第六节　插件、脚本的安装使用与常用推荐

　　After Effects作为业界领先的视频特效和动画软件，其强大的功能已经为无数影视制作、广告创意以及数字艺术创作提供了坚实的基础。然而，After Effects的真正潜力并不仅限于其内置的工具和效果。通过安装各种插件和脚本，用户可以极大地扩展After Effects的功能集，从而制作出令人心潮澎湃、瞠目结舌的优秀动态视觉效果作品。

　　插件和脚本为After Effects带来了无限的可能性，不仅可以增加新的特效、转场和动画工具，还可以优化工作流程，提高制作效率。例如，一些粒子插件如Particular、Form和Plexus，能够让用户轻松创建出逼真的烟雾、火焰、水流等自然效果，以及复杂的点线面三维粒子动画。这些效果在科幻电影、游戏宣传片和广告中屡见不鲜，为观众带来了震撼的视觉体验。除了粒子效果，After Effects的插件还涵盖了光效、调色、三维模型、慢动作变速、降噪、平面跟踪等多个方面。像Optical Flares和Saber这样的光效插件，可以生成逼真的镜头光晕和激光效果，为视频增添梦幻般的氛围。而Magic Bullet Suite等调色插件提供了丰富的调色选项和预设，让用户能够轻松调整视频色彩，打造出独特的视觉风格。此外，一些综合插件套装如Trapcode Suite和Universe，更是将多个强大的插件整合在一起，为用户提供了全方位的视觉效果解决方案。这些套装插件不仅包含了各种粒子、3D效果和转场工具，还提供了易于使用的界面和丰富的预设，让用户能够快速上手并制作出专业级的动态视觉效果。

　　通过安装和使用这些插件和脚本，After Effects用户不仅能够大大提高工作效率，还能够在创意上获得更多的灵感。无论是制作电影特效、广告片头还是数字艺术作品，After Effects都能够帮助用户实现他们的创意愿景，并让观众为之惊叹。因此，对于希望在动态视觉效果领域取得突破的用户来说，掌握After Effects插件和脚本的使用技巧是非常重要的。

## 一、插件、脚本的安装

### 1. 插件下载

用户可以从官方网站、第三方开发者或市场购买并下载需要的插件。插件文件通常以.aex、.exe、.zxp等格式提供。

### 2. 安装步骤

（1）.aex格式插件：将下载的.aex文件复制粘贴到After Effects安装目录下的"Plug-ins"文件夹中；重启AE软件，插件将自动加载到"效果"菜单中。

（2）.exe格式插件：双击.exe文件启动安装程序；按照安装向导的指示进行安装，通常安装路径会自动指向After Effects的"Plug-ins"文件夹，用户也可以手动指定。安装完成后，重启AE软件。

（3）.zxp格式插件：打开After Effects，点击顶部菜单栏中的"窗口"→"扩展"→"Adobe Add-ons"。；在Adobe插件市场中搜索并找到需要的插件；点击"免费"或"购买"按钮进行安装。

### 3. 插件使用

插件安装完成后，用户可以在After Effects的"效果"菜单中找到新安装的插件。根据插件的具体功能，用户可能需要在图层上应用它，并调整相关参数。

## 二、脚本的安装与使用

### 1. 脚本下载

找到需要的After Effects脚本文件，这些文件通常以.js或.jsx为扩展名。可以从官方网站、论坛或第三方网站下载。

### 2. 安装步骤

（1）Windows系统：将下载的脚本文件复制到以下路径：C：\Program Files\Adobe\Adobe After Effects [版本]\Support Files\Scripts\ScriptUI Panels\；重启After

Effects软件，在菜单栏中找到"窗口"→"脚本"，新安装的脚本将出现在列表中。

（2）Mac系统：将下载的脚本文件复制到以下路径：/Applications/Adobe After Effects [版本]/Scripts/ScriptUI Panels/；重启After Effects软件，同样在"窗口"→"脚本"中查找新安装的脚本。

### 3. 脚本使用

在After Effects中，用户可以通过"文件"→"脚本"→"运行脚本文件"来运行未安装的脚本文件。对于已安装的脚本，只需在"窗口"→"脚本"中找到并点击它即可运行。

## 三、注意事项

兼容性：确保下载的插件和脚本与用户的After Effects版本兼容。

安装路径：确保将插件和脚本文件复制粘贴到正确的目录中，否则After Effects可能无法识别。

重复安装：避免在After Effects中重复安装不同版本的同一个插件，这可能会导致软件运行出错甚至死机。

通过安装和使用插件及脚本，用户可以极大地扩展After Effects的功能，提高工作效率。遵循上述步骤，用户可以轻松地在After Effects中安装并使用这些工具。

## 四、常用插件推荐

After Effects的常用插件种类繁多，这些插件可以极大地扩展After Effects的功能，提高工作效率。以下是一些After Effects的常用插件：

### 1. Trapcode插件系列（图5-36）

（1）Particular：粒子插件，可以创建各种复杂的粒子效果，如烟雾、火焰、水流等，广泛应用于电影特效、广告制作等领域。

（2）Form：三维空间粒子插件，能够生成三维空间中的粒子动画视觉效果。

（3）Plexus：点线面三维粒子插件，通过点、线、面的组合，生成复杂的三维粒子动画，增强作品的立体感和动态效果。

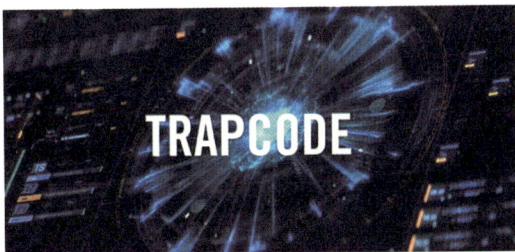

图5-36 Trapcode插件系列

## 2. 光效插件

（1）Optical Flares：镜头光晕插件，可以创建逼真的镜头光晕效果，为视频增添梦幻般的视觉冲击力（图5-37）。

（2）Saber：一款光效插件，常用于制作激光、霓虹灯、能量等效果，具有多种预设和自定义选项，方便用户快速生成炫酷的光效（图5-38）。

图5-37　Optical Flares插件系列

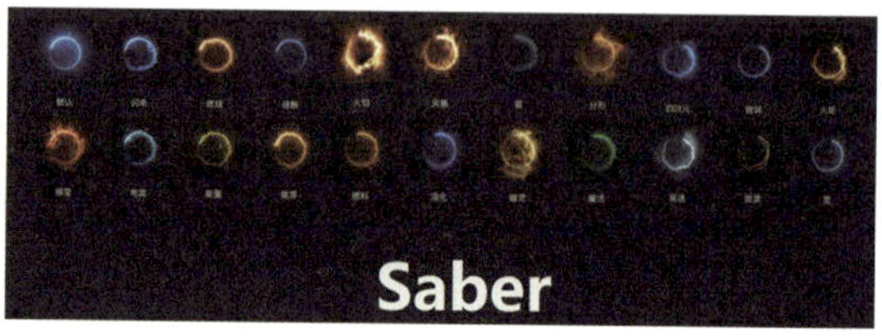

图5-38　Saber插件系列

## 3. 三维模型插件

Element 3D：一款强大的三维模型和特效插件，支持在After Effects中创建高品质的3D模型和动画。通过Element 3D，用户可以轻松实现复杂的3D效果，如粒子动画、动态模糊等（图5-39）。

## 4. 调色插件

（1）Magic Bullet：包含多款功能强大的调色和后期处理插件，如Colorista V、Mojo Ⅱ等，帮助用户实现各种视觉效果（图5-40）。

（2）Looks：多功能调色插件，提供丰富的调色选项和预设，让用户能够轻松调整视频色彩，打造独特的视觉风格。

图5-39　Element 3D插件

图5-40　Magic Bullet插件

## 5. 其他实用插件

（1）Twixtor：慢动作变速插件，能够在不损失画质的情况下实现慢动作效果，适合运动镜头和高速摄影的后期处理。

（2）Denoiser：视频降噪插件，有效去除视频中的噪点，提升视频清晰度。

（3）Mocha Pro：平面跟踪插件，用于平面运动跟踪、旋转观察、对象移除、图像稳定和PowerMesh有机变形跟踪，是后期制作中不可或缺的工具（图5-41）。

图5-41 Mocha Pro插件

（4）Sapphire：视觉特效插件，包含超过270种效果和3000多种预设，能够创建各种令人惊叹的有机外观效果（图5-42）。

### 6. 综合插件套装

以Universe为例，其集合了多个GPU加速插件的编辑器和运动图形艺术家工具包，提供丰富的视觉特效和转场插件。

图5-42 Sapphire插件

Universe只是After Effects常用插件的一部分示例，实际上还有更多插件可供选择。用户可以根据自己的需求和项目特点选择合适的插件来扩展After Effects的功能，提高工作效率。同时，随着技术的不断发展，新的插件也在不断涌现，用户需要关注行业动态，及时了解并尝试新的插件工具。

## 五、"陪你去旅行"案例简介

本套案例是一个动效的旅游宣传片"陪你去旅行"（图5-43）特效片头，详细演示合成特效的制作流程，涵盖导入素材、编辑素材、制作背景、调色基本合成、加入特效、加入动画元素、编辑动画、加入音效、最终合成等方面（图5-44），通过该案例使用户直观学习到特效合成的原理，同时概览After Effects的强大功能与制作方法。

图5-43 "陪你去旅行"Logo

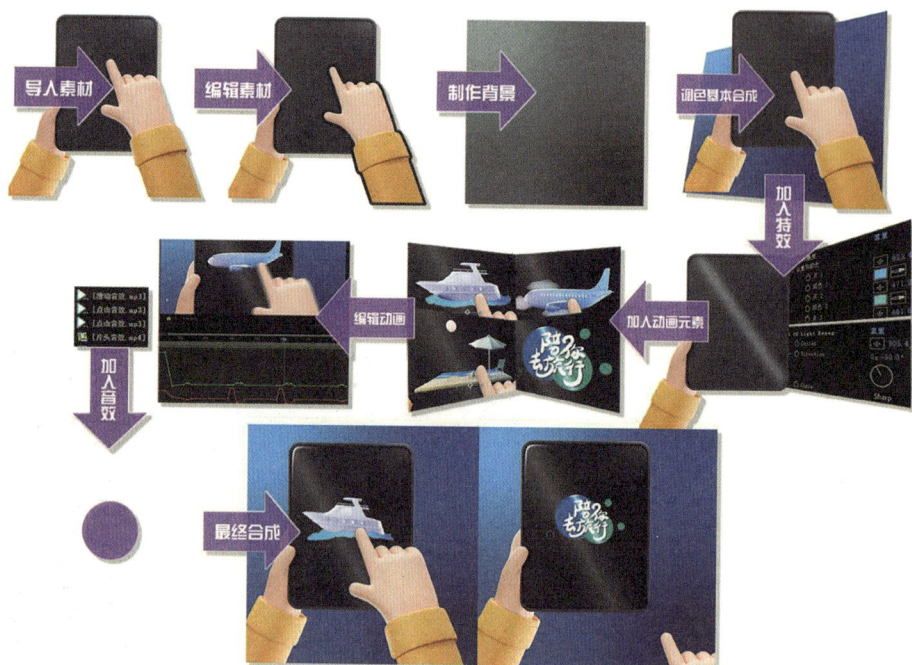

图5-44 "陪你去旅行"片头动画

## 六、动态片头的设计思维

### 1. 整体设计思路

本项目旨在设计一套旅游宣传片片头，素材来自静态素材和手写字体，版面设计以3D卡通风格为主（图5-45），配色清新，色彩丰富，以营造出愉快出行的视觉感受。

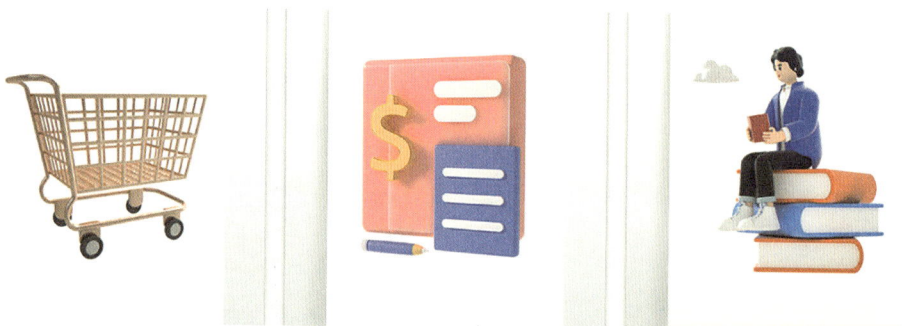

图5-45 卡通风格参考

### 2. 平面设计构思

整体设计围绕"陪你去旅行"的主题，采用深蓝色渐变背景，营造宁静而广阔的视觉效果，与旅行探索的意象相契合。每个平板电脑屏幕展示不同的旅行元素，从左至右依次为空白（引导开始）、飞机（空中旅行）、船只（海上航行）、椰林小岛（愉快惬意的度假），最后以"陪你去旅行"的文字作为总结，传递出旅行的多样性和陪伴的温馨感。

### 3. 动态设计构思（图5-46）

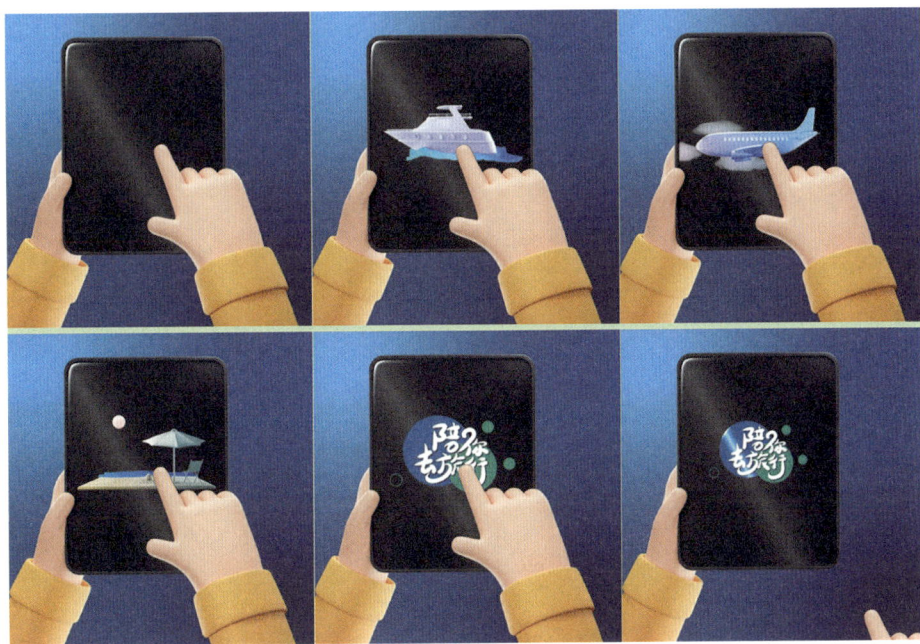

图5-46 "陪你去旅行"动态设计构思

（1）手指点击动画：手指自然流畅地点击屏幕，每次点击都伴随轻微的抬起动作，模拟真实触摸体验，同时屏幕上的图标或文字随之亮起，增强互动性。

（2）图标与文字动画：飞机与船只图标采用入场动画，如飞机从屏幕一侧飞入并盘旋，船只从底部缓缓升起，展现出发与航行的动态美。

（3）文字动画："陪你去旅行"文字从屏幕底部优雅地滚动上升，每个字之间伴有细微的动态效果，如轻微弹跳或光影变化，增添活泼氛围。

（4）动画节奏设计：整体动画节奏设定为中等偏快，确保观众能够迅速捕捉到每个旅行元素的亮点，同时保持视觉上的连贯性和流畅性。通过合理的动画节奏安排，使整个片头设计动画既紧凑又富有节奏感，有效传达"带你去旅行"的愉悦与期待。

（5）音乐音效设计：为体现愉悦的气氛，背景音乐选用轻松愉快的音乐，欢快的鼓点过后，音乐配合点击滑动音效，增加欢快感。

## 七、制作流程步骤

### 1. 新建项目

启动After Effects软件，选择菜单文件→新建→新建项目（Ctrl+Alt+N），新建项目（图5-47）。

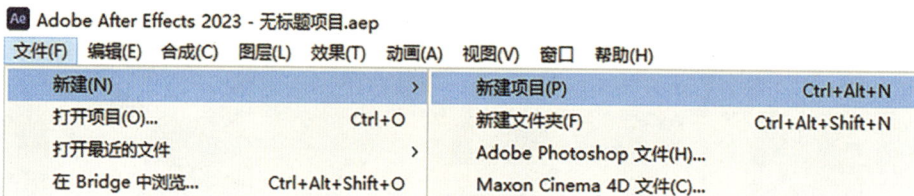

图5-47　新建项目2

### 2. 项目面板调用素材

在项目面板的空白处双击鼠标左键，打开导入文件对话框，找到素材文件夹位置，选择"卡通手.psd"，单击"导入"按钮，在弹出的对话框中将导入种类改为"合成"，其他按默认值单击确定，完成素材导入（图5-48）。其他非序列素材，可以再次双击鼠标左键，打开导入文件对话框，选其他素材后导入。

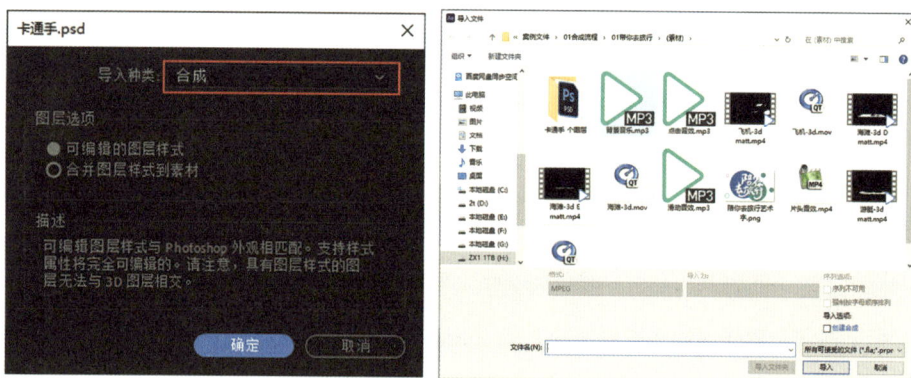

图5-48　素材导入2

### 3. 编辑合成组

双击项目窗口中的"卡通手"合成，选择菜单→合成→合成设置（Ctrl+K），打开合成设置对话框，设置持续时间为12秒，单击OK按钮（图5-49）。

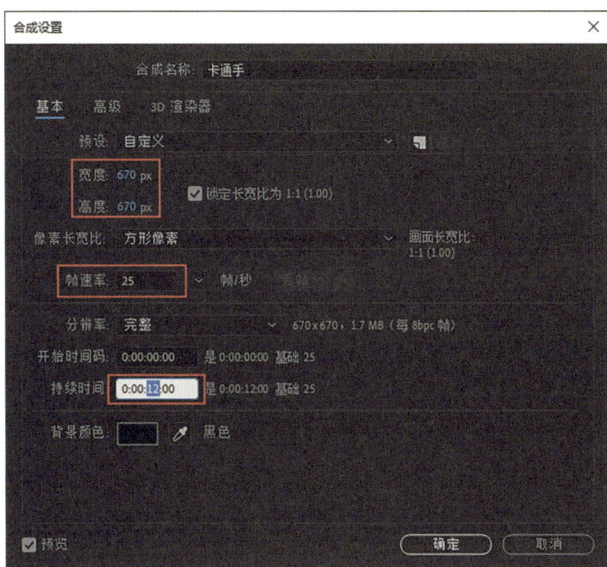

图5-49　合成设置

### 4. 导入素材到时间线

在项目面板中，配合Ctrl或Shift键加选，选择所需导入的素材文件，将其拖曳到合成"卡通手合成"时间线中，将素材按照层级关系排列好，After Effects的层级关系和PhotoShop类似，上层会覆盖下层内容，所以要注意调整层的叠压次序（图5-50）。

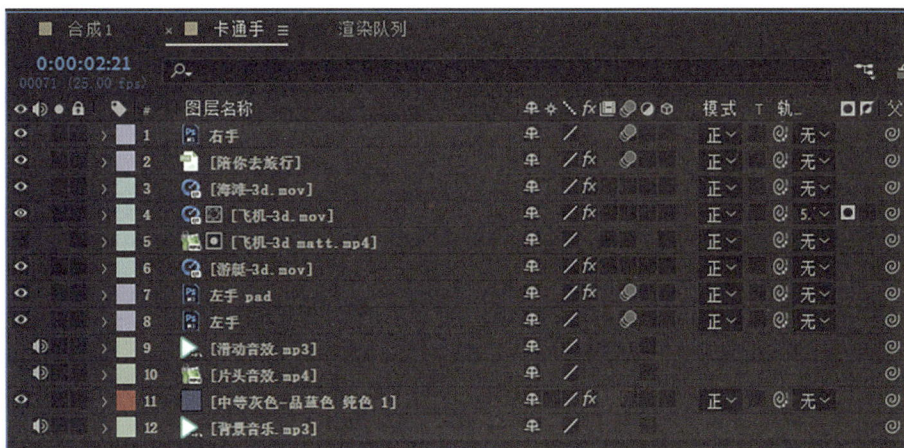

图5-50　导入素材及排序

### 5. 预览与合成制作

（1）背景替换：新建纯色层（Ctrl+Y），添加效果→生成→四色渐变，参数和效果如图5-51所示，并将背景层置于所有图层最下方。

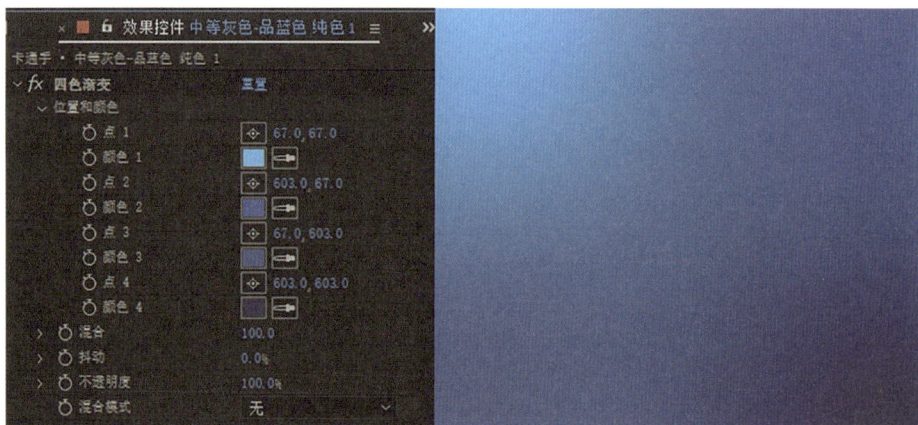

图5-51 新建渐变背景

（2）Pad屏幕替换：由于"左手"素材中，Pad部分与左手是一层，要独立分开才能做特效。先选择"左手"层，按Ctrl+D再制一份并命名为"左手Pad"。在选择该层的前提下，选择钢笔工具将Pad部分绘制成闭合蒙版（图5-52），使Pad屏幕层独立。

### 6.屏幕特效

选择"左手Pad"层，选择菜单→效果→生成→CC light sweep，在效果控件面板中，调整参数和效果如图5-53所示，模拟屏幕反光的效果。

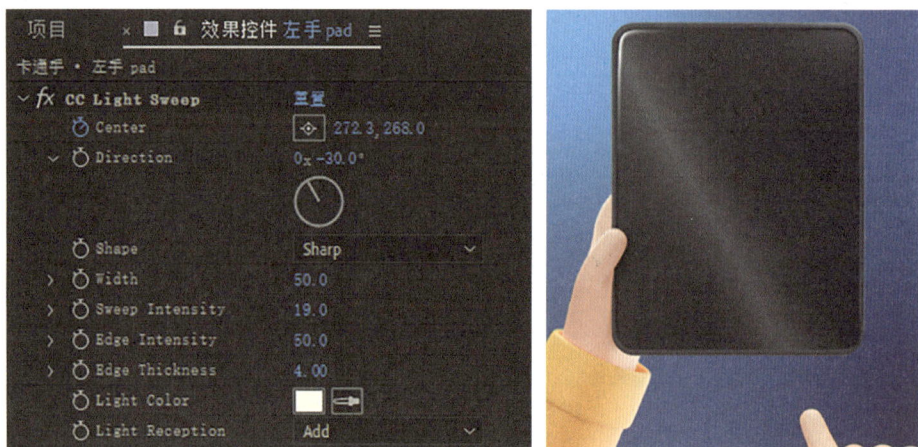

图5-52 Pad屏幕替换

图5-53 Pad屏幕特效

### 7. 屏幕点击与滑动逐帧动画

（1）在时间线面板中，选择"右手"层，展开该层的变换属性，可以利用位移P键和缩放S键两个属性制作点击和滑动动画，按下这两个属性前的"码表🕐"按钮，按照时间线调整位移、缩放属性（图5-54）。

（2）在右侧时间线，按照时间调整位移、缩放属性，调整关键帧节点（图5-55），实现右手每隔2秒一次的点击和滑动关键帧动画。

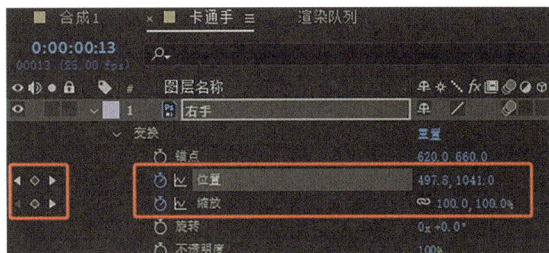

图5-54　屏幕点击动画

图5-55　屏幕滑动动画

### 8. 手指变形动画

（1）此动画需要用"人偶控点工具"📌（图5-56），选择"右手"层，长按"人偶控点工具"，选择"人偶位置控点工具"在右手层上设置三个控点（黄色点），再次长按"人偶控点工具"选择"人偶弯曲控点工具"在右手层上设置一个控点（棕色点）。

（2）打开时间线面板，在"右手"层按U键，显示出控点工具关键帧，调节关键帧动画，实现手指点击时向下弯曲，滑动时左右弯曲的效果（图5-57）。

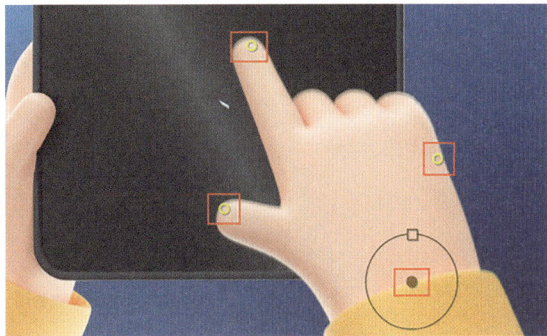

图5-56　手指变形动画1

图5-57 手指变形动画2

### 9. 屏幕点击反光特效动画

选择"左手Pad"层,打开"效果控件"面板,按下Center属性前的"码表 ⊘"按钮,对照手部运动的时间线调整属性,实现屏幕点击时的反光条位移,模拟屏幕抖动效果(图5-58)。

图5-58 屏幕点击反光特效

### 10. 添加Pad屏幕动画元素

(1)将动画素材"游艇-3d"导入时间线,将素材开始帧放置于2秒处,并在素材层上点击右键→时间→时间伸缩→弹出面板中将"拉伸因素"调整为"50",此时素材播放速率变快,总长度由4秒变为2秒,正好符合2秒一次的右手动画点击频率(图5-59)。

(2)调整"游艇-3d"素材的缩放和位移属性,让素材大小位置契合屏幕大小(图5-60)。

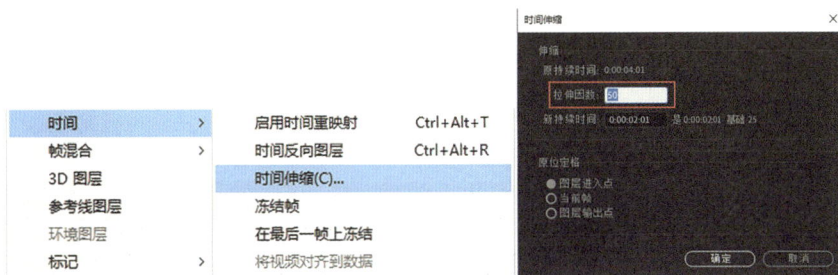

图5-59　调整素材长度

图5-60　调整素材大小

（3）将动画素材"飞机-3d、海滩-3d"导入时间线，参数与"游艇-3d"保持一致，并将两个素材起始时间分别设置在4、6秒处（图5-61）。

图5-61　调整其他素材

（4）将素材"陪你去旅行.png"导入时间线，拖拽素材层两端，调整持续时长为8～12秒处，调整素材大小和位置至Pad画面中央（图5-62）。

图5-62 添加Logo

（5）选择"陪你去旅行.png"层，选择菜单→效果→生成→CC Light Sweep，在效果控件面板中，调整参数和效果，模拟Logo扫光效果；制作"陪你去旅行"Logo的缩放动画，（8～9秒区间内，缩放参数分别为0→14%→19%→14%），模拟Logo点击时弹出的效果（图5-63）。

### 11.加入音乐、音效

在时间线面板中，将"背景音乐.mp3"素材放置于所有层之下，起始位置对齐到时间线的第0：00秒位置；再将"点击音效.mp3、滑动音效.mp3"导入时间线，并配合工具栏面板的选取工具V键将起始位置对齐到时间线

图5-63 添加Logo动效

右手点击和滑动的时间位置，完成音乐和音效的添加（图5-64）。

图5-64 添加音乐音效

★注：画面共有两次点击和两次滑动，按Ctrl+D复制音效素材并放置在合适位置。

### 12. 预览与调整

所有素材处理完毕后，按下小键盘（数字键盘）的"0键"，等时间线上端的绿色缓冲条缓冲完成，即可预览最终合成的效果。

### 13. 输出合成

当预览结果没问题后，可以选择菜单→合成→添加到渲染队列Ctrl+M，设置输出模块为H.264格式，输出到选项设置一个输出目录，最后点击渲染按钮，等待渲染输出完成（图5-65）。

图5-65 输出合成设置

### 14. 最终合成效果

合成后输出该视频，即可展现最终效果（图5-66）。

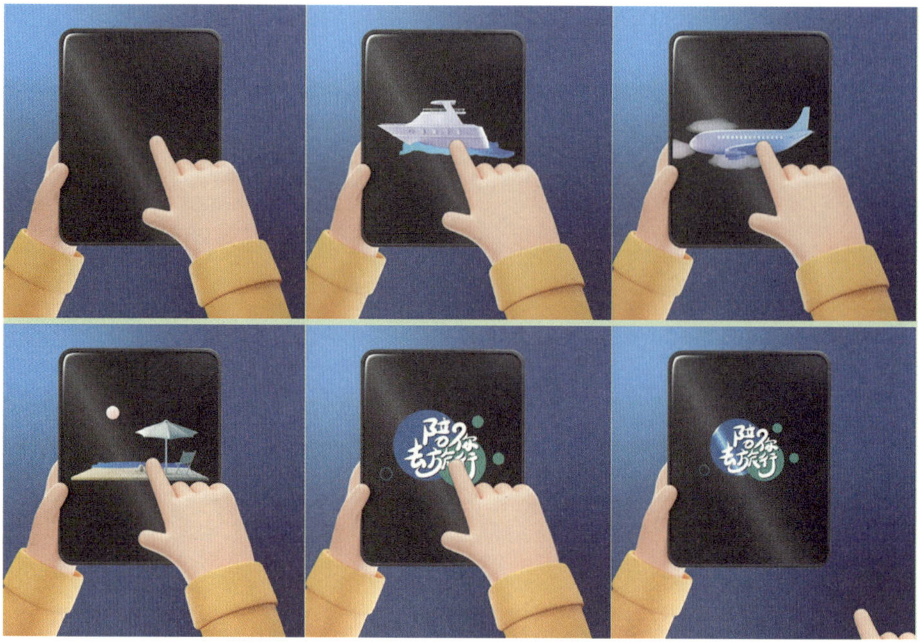

图5-66 成片效果2

● 思考与练习

1. After Effects CC层的类型有哪些？如何对层进行操作？

2. 如何利用绘画类工具及人偶工具将静态角色图片制作成动态人物？

3. 基于本章所学的知识和技术，尝试对"陪你去旅行"特效片头进行再创作。可以在原有基础上进行修改和完善，也可以完全重新设计，力求创作出具有个人风格的特效片头。

第六章

# Logo、UI动效设计实践

## | 教学目标 |

　　本章旨在使学生通过实践案例深入掌握运用After Effects工具进行Logo动画设计及UI动效创作的方法和技巧。学生将全面了解设计思维、基础操作、高级技巧以及图层管理、关键帧动画、3D空间合成等核心功能，并能够熟练运用这些知识和技能进行创意设计。锻炼学生创意思维、审美鉴赏能力和实现技巧。

## | 教学重点 |

　　1.掌握Logo动效设计的基础理论和创作流程，熟悉After Effects工具中相关功能的使用。
　　2.学会UI动效设计的基本要素和技巧，包括按钮、滑块、过渡效果等的制作。

## | 推荐阅读 |

　　[1]高昌苗. Photoshop+AE UI动效设计从新手到高手[M]. 北京：清华大学出版社，2023.
　　[2]毕康锐. UI动效大爆炸：After Effects移动UI动效制作学习手册[M]. 北京：人民邮电出版社，2018.

## | 教学实践 |

　　本章教学实践环节将围绕Logo动效设计和UI动效设计两个主题展开。学生将分组进行实践案例的操作和分析，通过实际操作After Effects软件，熟练掌握图层管理、关键帧动画、3D空间合成等核心功能的使用。通过实践项目的完成，使学生能够真正掌握Logo和UI动效设计的精髓，并具备实际项目的操作能力。

**本章知识要点：**

本章聚焦于通过实践案例深入讲解如何运用After Effects工具进行Logo动画设计及UI动效创作。内容从设计理论与基础操作出发，逐步延伸至高级技巧，全面涵盖设计思维、设计实践、图层管理、关键帧动画、3D空间合成等核心功能。学习者将掌握如何设计引人注目的Logo动画，学会制作UI元素如按钮、滑块、过渡效果等动效，实现静态界面向动态交互的华丽转变。通过实际操作"北疆文创"Logo动效项目，锻炼并提升创意思维、审美鉴赏能力及实现技巧，同时扎实掌握Logo设计基础以及动态Logo的动效设计和制作能力，为成为优秀的UI动效设计师奠定坚实基础。

在当今数字设计领域，动效设计已成为提升品牌形象和用户体验的重要手段。随着After Effects等工具的广泛应用，设计师们能够创造出既富有创意又技术精湛的Logo动画和UI动效。这些动态元素不仅增强了视觉吸引力，还深化了用户与产品之间的互动体验。在日益竞争激烈的市场环境中，优秀的动效设计能够帮助品牌脱颖而出，赋予静态界面以生命力，从而吸引用户的注意力并提升用户留存率。

**🏅 扩展知识**

动态效果的设计实践需要After Effects与其他Adobe软件的集成协作，如与Photoshop、Illustrator的协作，能在极大程度上提升工作效率，使设计师能够在不同软件间灵活切换，充分利用各软件的优势。其次，UI动效设计不仅是为了美观，更重要的是提升用户体验。通过动效设计引导用户视线流动，强化交互反馈，如按钮点击、页面跳转等动作的流畅过渡，可以增强用户对产品的信任感和满意度。随着技术的发展，如AR、VR等新技术的应用，为Logo与UI动效设计带来了更多可能性。设计师应不断学习新技术，将其与艺术创作相结合，创造出更加震撼、沉浸式的视觉效果。

# 第一节　Logo 动效设计基础

## 一、Logo设计基础

Logo作为品牌识别的核心元素，其设计基础涵盖了多个关键方面，确保其在众多视觉元素中脱颖而出，有效地传达品牌信息。

### 1. 识别性

Logo的首要功能是识别性。它必须设计独特且易于记忆，以便消费者在众多品牌中迅速识别并记住特定信息。识别性强的Logo能够在各种场合下引起消费者的注意，并建立起品牌与消费者之间的紧密联系（图6-1）。

图6-1　Logo识别性

### 2. 简洁性

优秀的Logo设计往往追求极致的简洁。通过少量的元素和色彩，Logo需要传达出丰富的品牌信息。简洁的设计不仅易于在各种尺寸和媒介上应用，还能够降低品牌传播的成本，提高品牌的可识别度（图6-2）。

图6-2　Logo简洁性

### 3. 独特性

著名Logo设计大师保罗·兰德（Paul·Rand）的专门评定Logo价值的七步测试法中的第一条就说到了独特性。独特性往往是很多年轻设计师难以做到的，因为人们所见的事物很多时候是随着阅历而增加的。部分设计师很难准确地把握设计的原创性，由于阅历不够，对本专业涉猎较少，缺乏一定的判断力所造成的。一个好的具有独特性的Logo极易引发人们的好奇心和关注度，于是便有独特性带来的易记性（图6-3）。

图6-3　Logo独特性

## 二、动态Logo设计基础

### 1. 概念与意义

动态Logo是指能够随时间变化而展现不同形态或效果的Logo。它结合了传统静态Logo（图6-4）的识别性与现代动画技术的动态美感，为品牌形象注入了新的活力。动态Logo（图6-5）能够更好地吸引用户的注意力、提升品牌的记忆度，并在数字化媒体时代中脱颖而出。

图6-4　静态Logo表现

### 2. 设计原则

（1）识别性保持：尽管动态Logo具有动态变化的特点，但其核心识别元素（如形状、色彩、字体等）应保持一致，以确保用户在任何时刻都能迅速识别出品牌。

图6-5　动态Logo表现

（2）简洁性：动态Logo同样需要遵循简洁性原则。过多的动态元素或复杂的变化可能会导致视觉混乱，降低识别度。因此，设计师应精心挑选关键元素，并通过巧妙的变化来传达品牌信息。

（3）创意与新颖性：动态Logo的设计应充满创意性与新颖性，以区别于其他品牌并吸引用户的兴趣。设计师可以通过独特的动画效果、色彩搭配或形状变化来展现品牌的独特魅力。

（4）适应性：动态Logo需要适应不同的媒介和平台。无论是网页、App还是社交媒体，动态Logo都应能够良好地展示其动态效果，并保持一致的视觉品质。

### 3. 设计技巧

（1）时间控制：动态Logo的动画时长应控制在合理范围内，一般建议在3～10秒。过长的动画可能会让用户感到厌烦，而过短的动画则可能无法充分展示品牌信息。

（2）动画效果选择：设计师可以根据品牌特点和设计需求选择合适的动画效果。常见的动画效果包括渐变、缩放、旋转、位移等。这些效果可以单独使用，也可以组合使用，以创造更丰富的视觉效果。

（3）色彩与形状变化：色彩和形状是动态Logo设计中重要的视觉元素。设计师可以通过色彩的变化来传达品牌的情感或氛围，通过形状的变化来展示品牌的独特形态或特征。

（4）故事讲述：一些动态Logo设计还融入了故事讲述的元素。通过一系列有序的画面变化，动态Logo可以讲述一个简短而有趣的故事，从而加深用户对品牌的印象和理解（图6-6）。

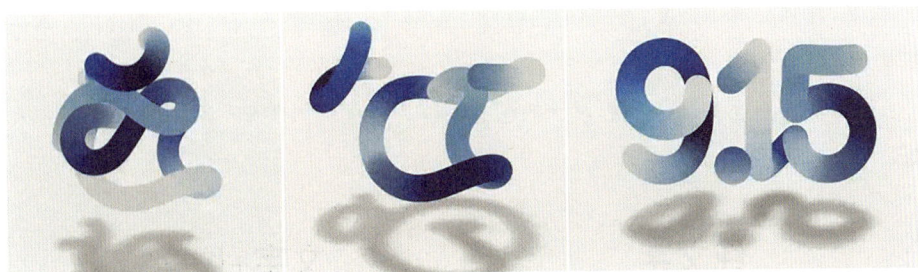

图6-6 动态Logo设计技巧

### 4. 技术实现

动态Logo的设计和实现需要设计师掌握相关的动画技术和设计软件。常用的软件包括After Effects、Animate等。设计师可以利用这些软件创建出流畅的动画效果，并导出为适合不同平台使用的格式（如GIF、MP4等）。

动态Logo设计是一个充满挑战与机遇的领域。设计师需要在保持品牌识别性的同时，注入创意性与新颖性，以创造出令人印象深刻的动态Logo作品。同时，随着技术的不断发展，动态Logo的设计也将迎来更多的可能性和创新空间。

# 第二节 UI 动效设计基础

## 一、UI设计基础

UI设计基础是构建用户界面的核心原理和技巧，它涵盖了多个关键方面，旨在确保界面既美观又实用，为用户提供卓越的使用体验，图标设计是UI设计中的核心组成部分，它以简洁、直观的特点，在用户界面中扮演着至关重要的角色，图标设计是UI设计中不可或缺的一部分，它要求设计师掌握设计的简洁性、一致性、可识别性和独特性等原则，并运用简洁的线条、色彩，以对比等技巧来创造既美观又实用的图标。通过实践中的研究分析、草图绘制、精细化设计和测试反馈等步骤，可以不断提升图标设计的质量和用户体验。

## 1. 图标设计的重要性

（1）提升用户体验：图标作为用户界面中的视觉元素，能够迅速传达信息，帮助用户快速理解功能，从而提升用户体验。

（2）增强品牌识别度：独特的图标设计能够成为品牌的视觉代表，增强用户对品牌的记忆和识别度。

（3）实现界面美观：精心设计的图标能够为界面增添美感，使整体设计更加和谐、统一（图6-7）。

图6-7 图标设计的重要性

## 2. 图标设计的原则

（1）简洁性：图标设计应追求简洁明了，避免过多的细节和复杂的元素，以便用户能够迅速识别并理解其含义。

（2）一致性：在同一用户界面或品牌中，图标应保持风格、色彩和形状的一致性，以建立统一的视觉形象（图6-8）。

（3）可识别性：图标应具有高度的可识别性，即使在不同的上下文或尺寸下，甚至没有文字备注的情况下，用户也能轻松识别其代表的功能或内容（图6-9）。

（4）独特性：图标设计应具有一定的独特性，以区别于其他品牌或界面的图标，增强品牌的个性化和差异化。个性风格突出的图标代表着独特的识别形象（图6-10）。

图6-8 图标设计的一致性

图6-9 图标设计的可识别性

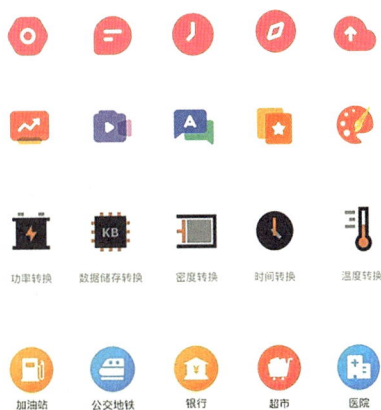

图6-10 图标设计的独特性

### 3.图标设计的技巧

（1）使用简洁的线条和形状：图标对视觉的要求在于一目了然，且大部分图标面积较小，所以通过简洁的线条和形状来构建图标，使其更加易于识别和记忆。

（2）运用色彩和对比：为配合简单的外形，强烈的色彩对比也对突出图标主体形象有很好的作用，巧妙地运用色彩和对比来增强图标的视觉效果和吸引力，使其更加突出和醒目（图6-11）。

图6-11 图标设计的技巧1

（3）图标的尺寸和适配性：由于图标的应用平台非常多样，屏幕分辨率、纵横比、显色模式、横竖屏变换均不相同，所以在设计图标时，应考虑其在不同尺寸和分辨率下的显示效果，确保其在各种场景下都能保持良好的视觉效果（图6-12）。

图6-12 图标设计的技巧2

（4）进行用户测试：在图标设计完成后，进行用户测试（以年龄、性别、职业、喜好等信息作为参考）以评估其易用性和可识别性，同时也要考虑不同平台的显示效果的适配性，并根据测试结果进行必要的调整和优化（图6-13）。

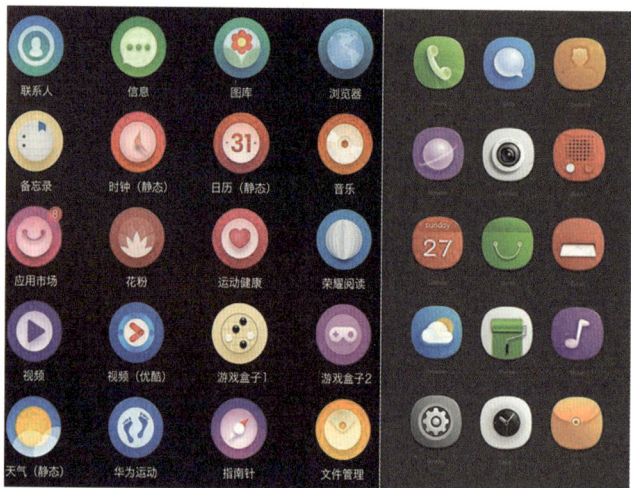

图6-13 图标设计的技巧3

## 二、动态图标设计

动态图标设计是UI设计中一个富有创意和活力的领域，它通过将图标与时间、动画效果相结合，为用户带来更加生动、直观的交互体验。以下是对动态图标设计内容的补充。

### 1. 动态图标设计的定义与意义

动态图标是指能够根据时间变化或用户交互而展现不同形态、颜色或动画效果的图标。它们通过连续的画面变化，为用户传递信息或增强界面的趣味性。好的动态效果能够吸引用户的注意力，提高用户界面的互动性和趣味性，从而增强用户体验。同时还可以通过动画效果，更直观地传达信息，帮助用户更快地理解界面元素的功能和状态（图6-14）。优秀的动态图标设计能成为品牌的视觉代表，增强品牌的识别度和记忆点，最终达到树立品牌形象的作用。

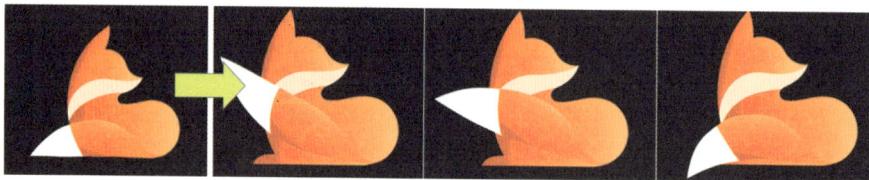

图6-14 动态图标设计的定义

## 2. 动态图标设计的原则

（1）清晰性：动态图标的变化应保持清晰明了，避免出现过于复杂或模糊的动画效果，以确保用户能够迅速理解图标的含义。

（2）一致性：在同一用户界面中，动态图标的设计风格、动画速度和触发条件等应保持一致性，以建立统一的视觉体验。

（3）适当性：动态图标的使用应适度，避免过多的动画效果干扰用户的注意力或影响界面的加载速度。

（4）响应性：动态图标应及时响应用户的交互行为，如点击、悬停等，以提供更加直观和即时的反馈（图6-15）。

图6-15　图标的待机、经过、点击的三种动态效果

## 3. 动态图标设计的技巧

（1）时间轴逐帧动画：在动态图标设计中，时间轴是一个至关重要的工具。它允许设计师控制动画的播放顺序、速度和持续时间，从而确保动画的流畅性和连贯性。通过精心调整时间轴上的关键帧，设计师可以创造出不同的动态效果，如图标的逐渐显现、颜色渐变、形状变形等。利用时间轴还可以实现复杂的动画序列，使图标在变化过程中呈现出更加丰富和有趣的效果（图6-16）。

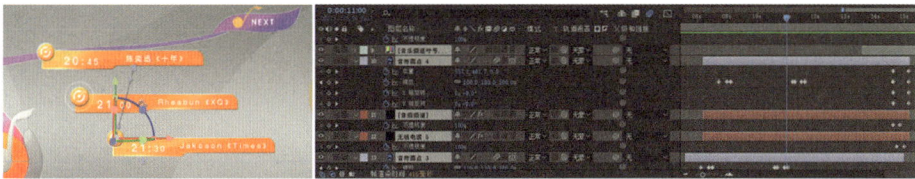

图6-16　时间轴逐帧动画1

（2）考虑动画叙事性：动态图标不仅是一种视觉装饰，更应该具有叙事性，即能够通过动画效果传达特定的信息或故事。设计师在创作动态图标时，应该思考如何通过动画来讲述一个简洁而有力的故事，使用户在看到图标时能够迅速理解其含义和背后的语境。例如，一个表示"TIME"的动态图标，可以通过TIME字体和钟表图形转化动画来传达叙事性（图6-17）。

图6-17　动画叙事性

（3）引导用户视觉：动态图标的设计应该注重引导用户的视觉注意力。通过巧妙的动画效果，设计师可以引导用户关注界面的重要元素，提升用户体验。例如，当一个新的功能或通知出现时，可以使用动态图标来吸引用户的注意，并通过动画效果引导用户进行点击或交互。此外，动态图标还可以用来强调界面中的层次结构和导航路径，帮助用户更好地理解和使用界面（图6-18）。

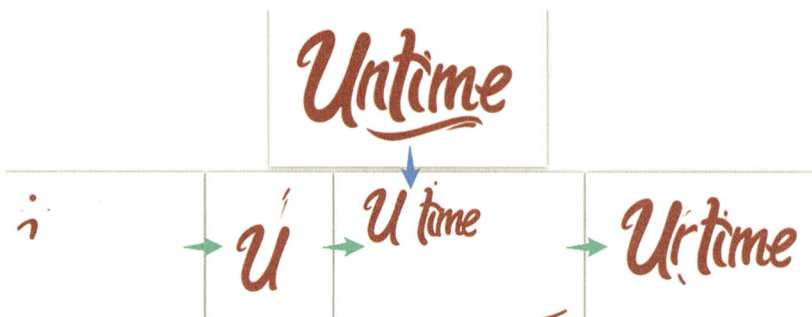

图6-18　时间轴逐帧动画2

（4）独特的动画风格：为了使动态图标在众多界面元素中脱颖而出，设计师应该追求独特的动画风格。这可以通过创新的动画效果、个性化的色彩搭配和有趣的形状变化来实现。独特的动画风格不仅可以增强品牌的识别度，还可以为用户带来更加愉悦和难忘的视觉体验。例如，一个具有鲜明品牌特色的动态图标，可以通过其独特的动画效果和色彩搭配，在用户心中留下深刻的印象（图6-19）。

图6-19　独特的动画风格

### 4. 动态图标设计的实现方式

动态图标设计和制作需要一个完整的流程，涵盖选题、调研、静态设计、动态制作、导出测试、发布等环节（图6-20）。

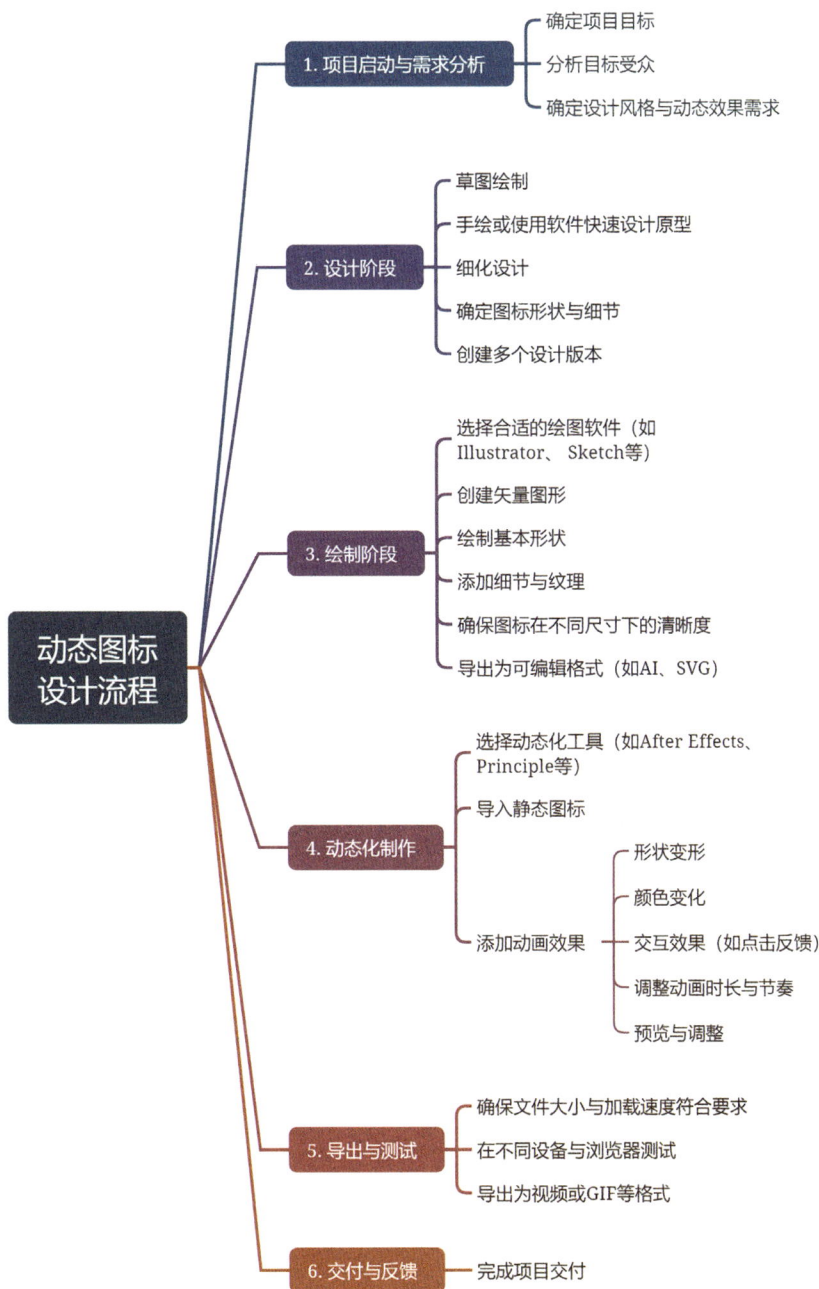

图6-20 动态图标设计流程

利用After Effects、XD等设计软件来创建和编辑动态图标。这些软件提供了丰富的动画效果和编辑工具，可以帮助设计师轻松实现复杂的动态效果。同时还有许多专业的图标设计软件如Figma、Sketch、Axure、XD、Pixso等（图6-21）。

图6-21　专业的图标设计软件

还可以结合Lottie（Lottie是一个库，可以解析使用Bodymovin插件以Json格式导出的After Effects动画，并在移动和网络应用程序上进行原生渲染）等开源动画库导入After Effects中制作的动画，并生成可在移动应用程序或网页上使用的动态图标。这些库提供了简单易用的接口和丰富的动画效果供设计师选择和使用（图6-22）。

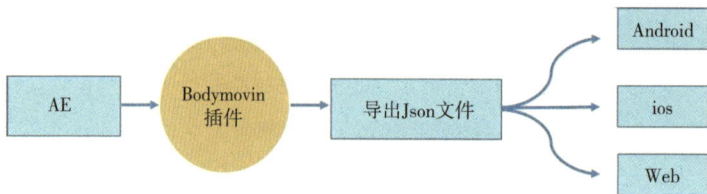

图6-22　Bodymovin 插件

动态的实现还可以选择不同于After Effects类型的逐帧动画方式实现，如编写代码，对于网页或应用程序中的动态图标，可以通过HTML、CSS和JavaScript等编程语言来实现。还可以通过分析用户行为或程序状态变化，动态地修改图标的样式或属性来实现动画效果。

# 第三节　动态 Logo 设计案例实践——北疆·文创动效 Logo

## 一、"北疆·文创"动态Logo案例简介

本案例是为"北疆·文创"设计的Logo动效，巧妙运用了视觉引导法。通过精心策划的动画时间线，逐步展现Logo的入场与组合过程，引导观众一步步领略Logo的构成元素、组装方式以及图形变形的创意演变。这种方式使观众能够更深刻地理解"北疆·文创"Logo的图形创意与内涵元素。当Logo动画优雅地展示完毕后，其名称随之显现，以动画形式替代传统枯燥的文字说明，充分展现了动态Logo设计的独特魅力与优势（图6-23、图6-24）。

图6-23 "北疆·文创"Logo

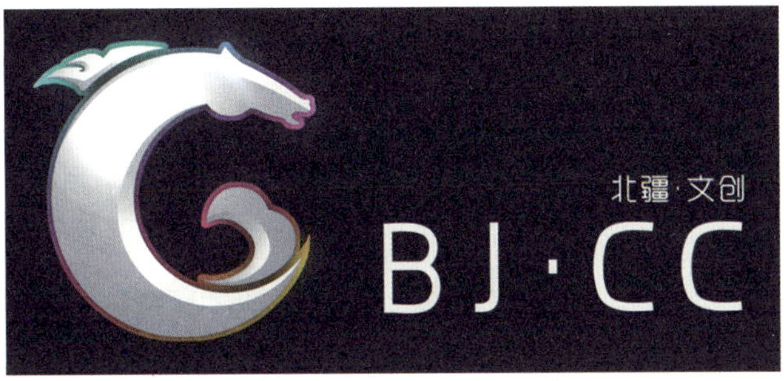

图6-24 "北疆·文创"动效Logo效果

## 二、Logo设计思维

### 1. Logo元素提取

"北疆·文创"动态Logo，巧妙融合了北疆的地域代表性元素，如马、牛羊、广袤的草原、神秘的大漠以及北方的独特风貌，同时融入了文创的代表性元素，包括书籍、深厚的文化底蕴、精致的艺术品、珍贵的文物、丰富的知识以及创新的设计理念。通过精心构思，将这些元素综合提炼，抽象概括为独特的视觉元素（图6-25）。

图6-25 Logo元素提取

### 2. Logo深化设计

首先，对马图案尾部的云纹进行精心调整，旨在使其形制、大小比例在整体视觉上与马形象达到更加和谐的融合效果。其次，细致入微地刻画马头的嘴部造型，塑造出一匹张嘴嘶鸣、充满生命力的马形象，以增强其视觉冲击力。最后，为定版造型精心上色并添加丰富纹理，挑选出最适合此Logo的配色方案，以确保其整体的美观与协调（图6-26）。

图6-26 Logo深化设计

### 3. Logo设计定稿

整体来看，简化马图案尾部的云纹，将其色彩调整为一套白色与彩色条纹结合的现代配色，方便动画演绎（图6-27）。

图6-27　Logo设计定稿

### 4. 动态设计构思

（1）马Logo出场动画：马头Logo动画化，让马头微微扬起，展现出一种灵动之感，同时马头发出光芒，闪电特效后马Logo幻化为几何线条，引导观众视觉。

（2）马Logo组合过程：在一大一小两个同心圆处发射出白色和彩色两条曲线，两条曲线在空中飞舞、交织，其飞舞的路径逐渐勾勒出Logo的基本形状，展现出一种动态的美感。

（3）马Logo形象定版：两条曲线最终汇集到一处，伴随轻微闪电爆炸，马Logo分白色主体和彩色轮廓两部分弹跳出屏幕，充满活力和动感。彩色轮廓添加彩色扫光效果，Logo定版后出现Logo名称文字，与图形元素形成完美的结合。

（4）文字动画：Logo名称"BJ·CC"（BeiJiang Cultural&Creative），从右到左滑入，同时对每个文字都进行了精细的描绘动画处理，增加了文字的层次感和细节表现力，当英文定版后，最后用渐显动画出现"北疆·文创"中文字体动画。

（5）动画节奏设计：整体动画节奏设定偏快，确保观众能够迅速捕捉到每个动画元素的亮点，同时保持视觉上的连贯性和流畅性。通过合理的动画节奏安排，使整个片头设计动画既紧凑又富有节奏感，动态Logo作为视觉引导元素，巧妙地串联起整个片头的细节部分（图6-28）。

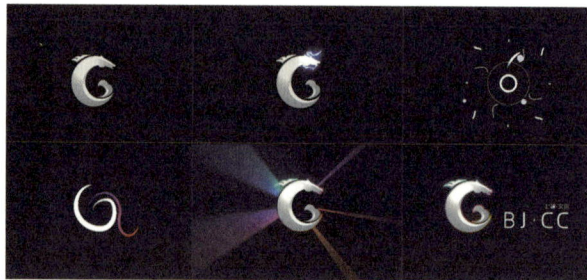

图6-28　动态设计构思

### 5. 音乐音效设计

为了营造快节奏且神秘的气氛，背景音乐精心挑选了具有强烈节奏感和神秘感的曲目。欢快的鼓点作为音乐的亮点，不仅增添了活力，还巧妙地引导了观众的情绪。随着音乐的推进，它巧妙地与点击定版画面相结合，为整个场景增添了一种高级感，使观众更加沉浸于这神秘而充满活力的氛围中。

## 三、制作流程

### 1. 新建项目

启动After Effects软件，选择菜单文件→新建→新建项目（Ctrl+Alt+N），新建项目（图6-29）。

图6-29 新建项目3

### 2. 项目面板调用素材

在项目面板中空白处双击鼠标左键，打开导入文件对话框，找到素材文件夹位置，选择"北疆Logo.psd"，单击"导入"按钮，在弹出的对话框中将导入种类改为"合成"，其他按默认值单击确定，完成素材导入。其他非序列素材，可再次双击鼠标左键，打开导入文件对话框，选其他素材后导入（图6-30）。

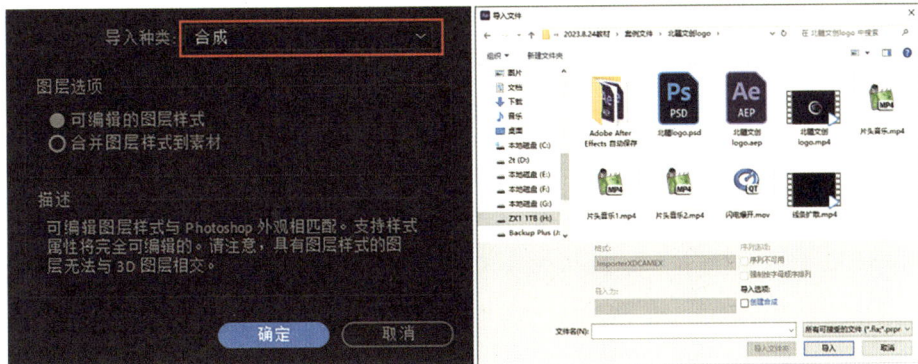

图6-30 新建合成与素材导入

### 3. 编辑合成组

双击项目窗口中的"北疆Logo"合成，选择菜单→合成→合成设置（Ctrl+K），打开合成设置对话框，设置持续时间为11秒，单击OK按钮。

### 4. 导入素材到时间线

在项目面板中，配合Ctrl键或Shift键加选，选择所需导入的素材文件（闪电爆开、线条扩散），将其拖拽到合成"北疆Logo"时间线中，将素材按照层级关系进行排列（图6-31）。

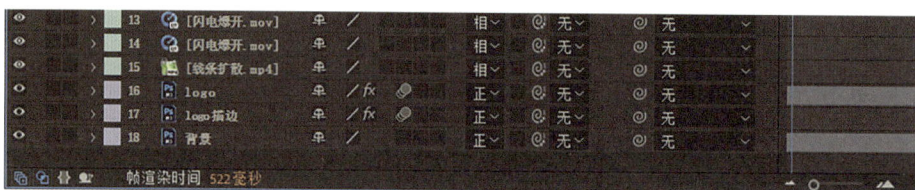

图6-31　素材导入与排列

### 5. 马Logo出场动画

（1）马头扬起动画：选中"Logo"层，选中"人偶位置控点工具"，在合成面板中添加控制节点，并在时间线面板0～3秒对应时间设置控制节点的关键帧动画（图6-32）。

图6-32　马头扬起动画

（2）马头光效动画：导入"闪电爆开"到时间线面板，将该层放置到1.7～2.5秒位置，在合成面板将素材拖拽到马头位置，微调位置、旋转和缩放直到该层画面与马头比例恰当，调整该层的混合模式为"相加"（图6-33）。

选中"Logo"层，在效果控件面板中添加"CC Light Sweep、发光"两个特效，并在时间线面板对应时间设置控制节点的关键帧动画，实现Logo扫光和发光的效果（图6-34）。

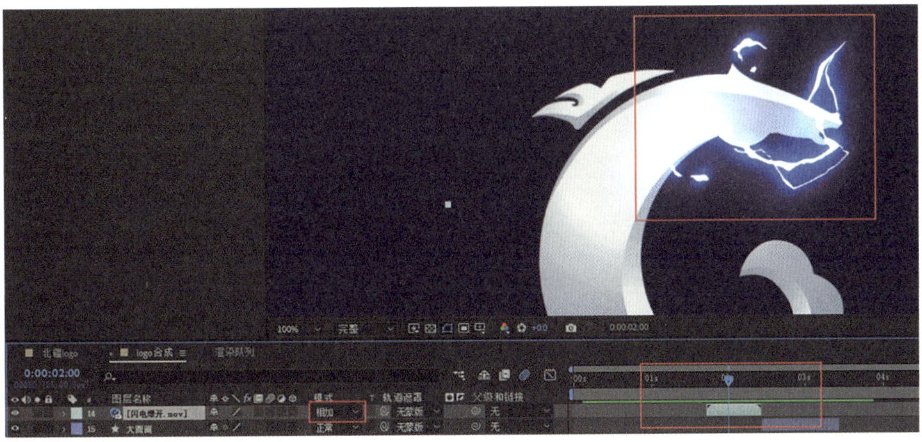

图6-33　马头光效动画1

图6-34　马头光效动画2

　　★注：特效位置如果找不到可在浮动面板"效果和预设"的搜索栏直接输入特效名称。

　　（3）马头转化为几何线条动画：导入"线条扩散"素材到时间线面板，将该层放置到2～3.3秒位置，在合成面板将素材拖拽到马头中心位置，微调位置、旋转和缩放直到该层画面与马头比例恰当，调整该层的混合模式为"相加"，选中"Logo"层在2～2.3秒时段，为"Logo"层制作缩放动画，设置缩放比例分别为100%—110%—0%三个关键帧，实现Logo弹性缩小的效果（图6-35）。

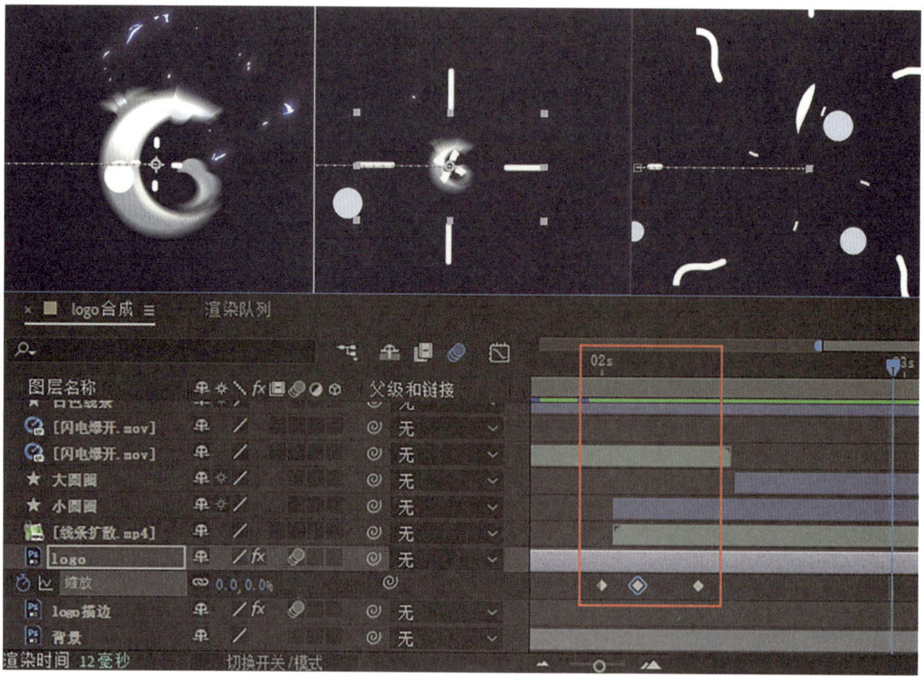

图6-35 马头转化为几何线条动画

（4）圆圈动画：新建形状层，用椭圆形状工具绘制一个正圆形，设置填充为无、描边为白色22像素，时间线面板设置2～3.2秒区间内，描边宽度关键帧动画和变换比例动画，实现圆圈缓慢扩大并逐渐变细消失的效果（图6-36）。

图6-36 圆圈缓慢扩大效果

选中"小圆圈"层，按Ctrl+D再制一份并重命名为"大圆圈"，微调其缩放大于小圆圈，动画时间晚于小圆圈0.4秒左右，实现两个圆圈逐步显现效果（图6-37）。

（5）几何线条穿梭动画：新建形状层，点击"添加"按钮添加路径组件，用钢笔工具绘制一条路径，并命

图6-37 圆圈逐步显现效果1

名为"白色线条"（图6-38）。

点击"添加"按钮，添加"描边"组件，设置描边宽度为50左右。再次点击"添加"按钮，添加"修剪路径"组件，设置这几个组件的关键帧动画，实现几何线条的穿梭效果（图6-39）。

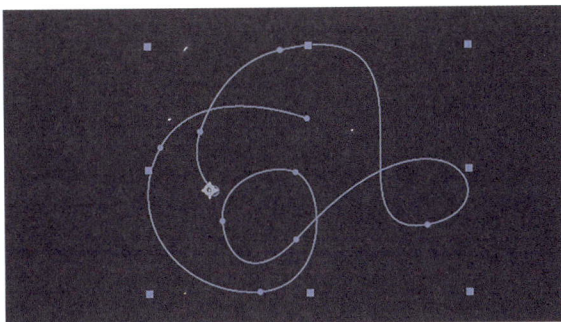

图6-38 圆圈逐步显现效果2

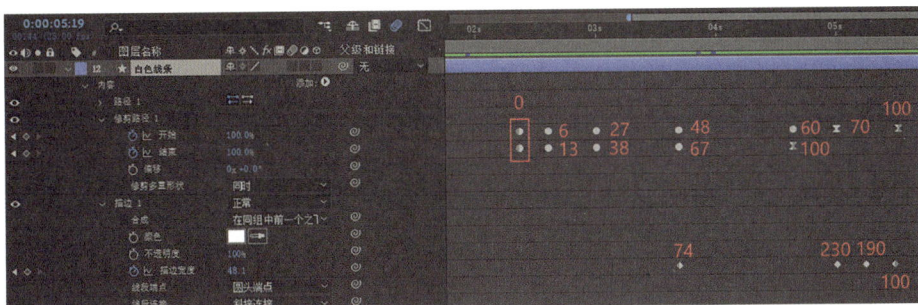

图6-39 几何线条的穿梭效果

（6）彩色线条穿梭动画：新建形状层，点击"添加"按钮添加路径组件，用钢笔工具绘制一条路径，并命名为"彩色线条"，点击"添加"按钮，添加"渐变描边"组件，设置描边宽度为50左右，其他动画参数类似"白色线条"（图6-40）。

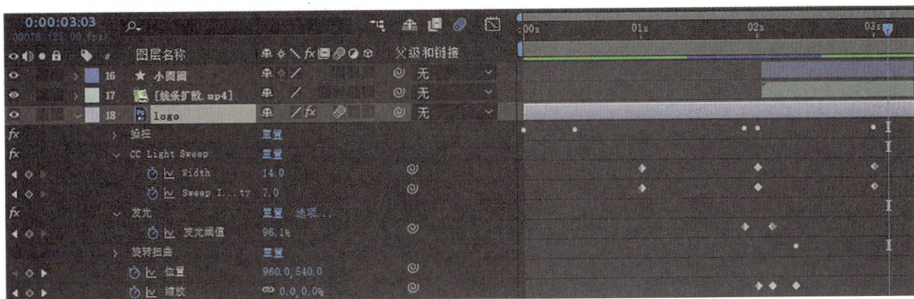

图6-40 彩色线条穿梭动画

（7）马头Logo显现、彩色扫光动画：马头Logo显现：选中"Logo"层，按S键打开缩放属性，4.2～5秒处调整缩放比例0%～100%，实现Logo弹出显现效果。

彩色扫光动画：选中"Logo描边"层，在效果控件面板中添加"CC Light Wipe"特效，并在时间线面板对应时间设置"Completion"属性的关键帧动画，实现Logo描边层的扫光效果（图6-41）。

马头Logo平移：选中"Logo"层，按P键打开缩放属性，6.15～7.15秒处调整从右至左的平移参数，为Logo标题字让出空间。

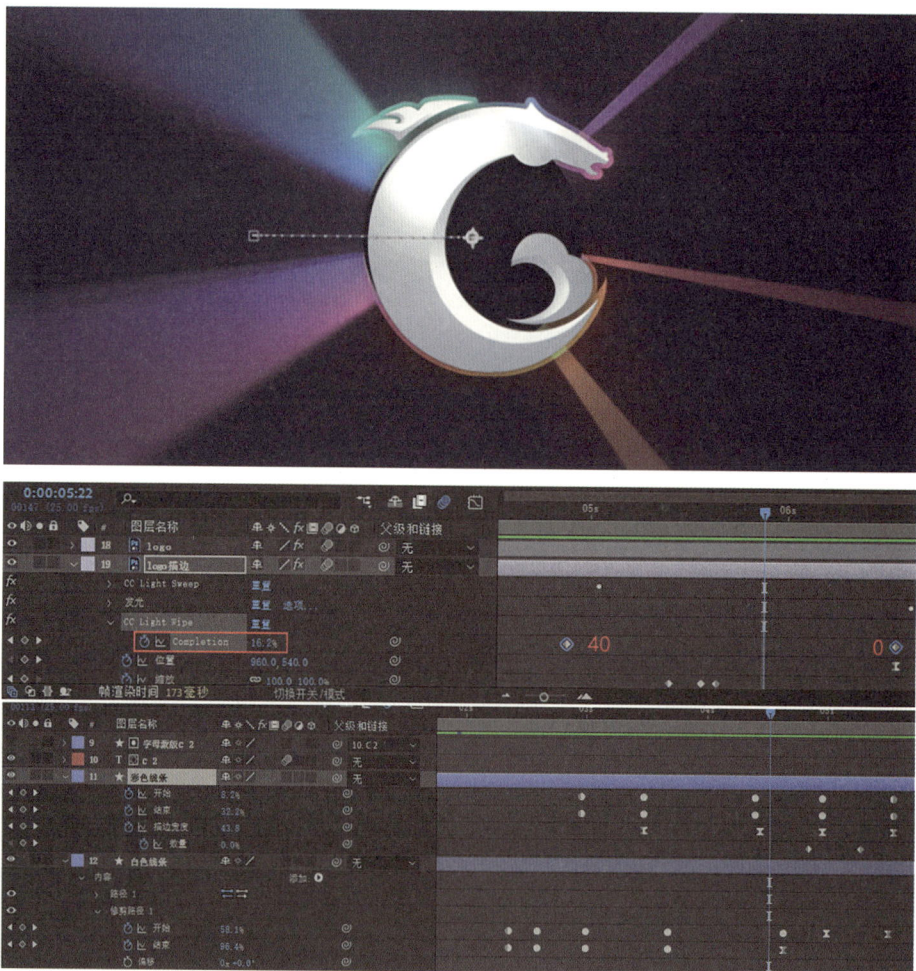

图6-41 马头Logo显现、彩色扫光动画

（8）"BJ·CC"标题文字动画：文本层建立：新建文本层，输入"BJ·CC"文字，设置字体为"微软雅黑"、大小"200像素"、字间距"75"、白色填充、无描边。为实

现每个文字独立的动画效果，还需把"BJ·CC"五个字符分离到独立的五个文字层并排好顺序（图6-42）。

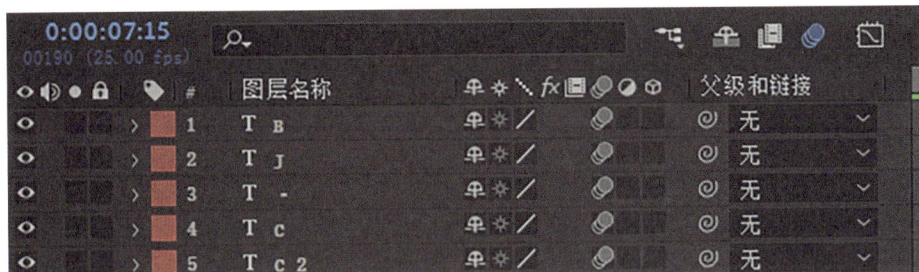

图6-42　文本层建立

文本平移动画：选中所有文本层，按P键打开位置属性，设置从右至左的平移动画，为实现更细腻的时间差效果，手动将后续文字层向后错位6帧左右（图6-43）。

图6-43　文本平移动画

文本描绘动画：以"B"字母为例，选中"B"文本层，在其上新建形状层，重命名为"字母蒙版B"，选择钢笔工具，绘制B字的描绘路径（注意不要让路径首尾闭合），设置形状填充为"无"、描边"24"，点击"添加"按钮，添加"修剪路径"组件，设置"结束"属性的关键帧动画（图6-44）。

图6-44　文本描绘动画

蒙版跟随动画：修改路径位置到"B"字母图层起始位置，设置"字母蒙版B"的"父级和链接"下拉菜单为"B"层，让字母蒙版和字母层同步位移（图6-45）。

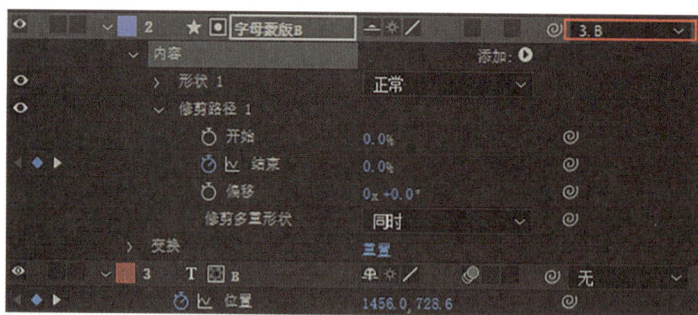

图6-45 蒙版跟随动画

蒙版描绘动画：选中"B"层，修改"B"层的"轨道遮罩"下拉菜单为"字母蒙版B"层，实现文字"B"的描绘动画效果，层级叠放关系和效果如图6-46所示。

图6-46 蒙版描绘动画

★注：其他文字层动画原理类似，请按此方法分别做完五个字符的全部动画。

"北疆·文创"文字动画：新建文本层，输入"北疆·文创"文字，设置字体为"悦黑"、大小"46像素"、字间距"100"、白色填充、无描边。添加文本"不透明度"组件，设置"范围选择器—结束"属性，实现文字的渐显动画效果（图6-47）。

图6-47 "北疆·文创"文字动画

### 6. 加入音乐、音效

在时间线面板中，将"片头音乐2.MP4"素材放置于所有层之下，起始位置对齐到时间线的第0∶00秒位置，完成音乐和音效的添加（图6-48）。

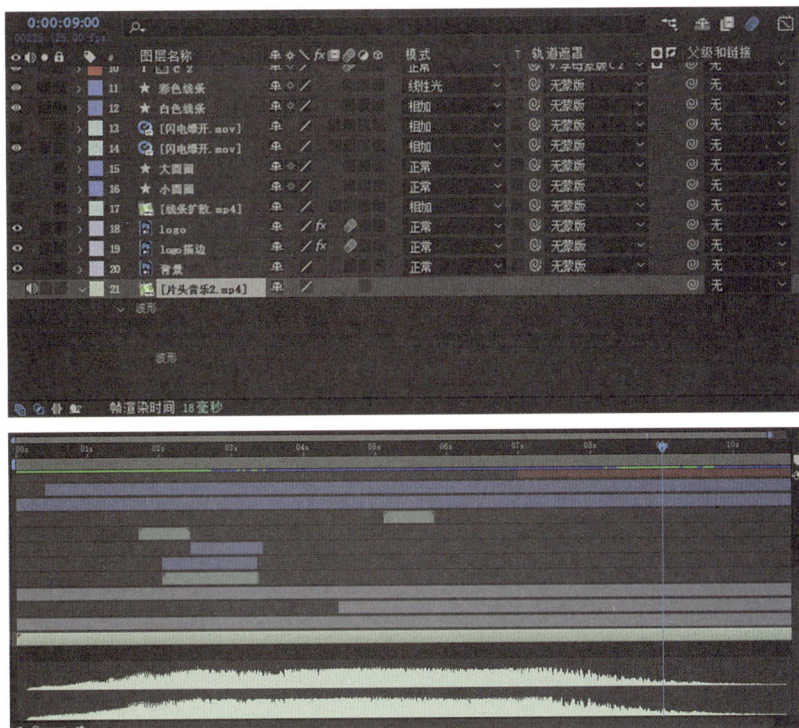

图6-48 加入音乐、音效

### 7. 预览与调整

所有素材处理完毕后，按下小键盘（数字键盘）的0键，等时间线上端的绿色缓冲条缓冲完成，即可预览最终合成的效果。

### 8. 输出合成

当预览结果没问题后，可以选择菜单→合成→添加到渲染队列（Ctrl+M），设置输出模块为H.264格式，输出到选项设置一个输出目录，最后点击渲染按钮，等待渲染输出完成。

### 9. 最终合成效果

合成后输出效果（图6-49）。

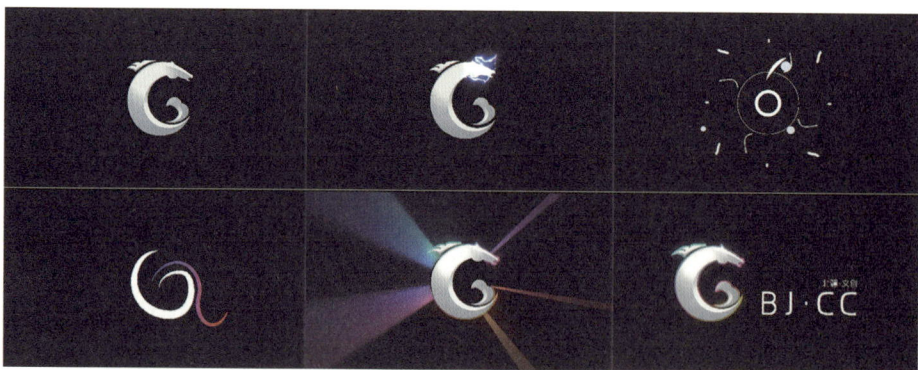

图6-49 "北疆·文创"动效成片

# 第四节 UI 动效设计案例实践
## ——天气图标 UI 动效

### 一、"天气图标UI"动效案例简介

本案例是为"智慧天气"
应用设计的天气图标UI动效
（图6-50），创新性地融合了情
境感知与动态特效技术。通过
精心编排的动画序列，每个天
气图标不仅准确传达了天气状
况（如晴天、雨天、雪天、大
风等），还以生动逼真的方式
模拟了自然现象的动态变化。
例如，在展示晴天图标时，随
着一缕阳光的缓缓升起，云朵

图6-50 "智慧天气"UI动效设计

逐渐散开，露出蔚蓝的天空和明媚的阳光，给予用户一种温暖而明亮的视觉体验；而
在雨天图标中，则细腻地展现了雨滴从云层中滴落的过程，配以背景色彩的变化，营
造出接近真实气候的氛围。

## 二、"智慧天气"UI设计思维

### 1. AI生成设计辅助

利用AI平台的文生图功能，输入"天气App图标设计，设计晴、多云、雷雨、风、晴转多云等天气图标一套、现代简约风、磨砂效果"等关键词，生成预想中的天气图标设计方案，并从中找出适合本设计预案的参考，综合几个成熟AI平台的设计效果，确定几套理想的设计参考，并提取设计元素（图6-51、图6-52）。

图6-51 AI生成设计辅助——Midjourney平台效果

图6-52 AI生成设计辅助——可灵平台效果

### 2. 图标元素提取

"智慧天气"应用设计的UI图标，结合AI平台给出的风格参考，同时深入研究自然界中各种天气现象的特点后，提取一套设计元素并将其简约化处理。该套元素从晴朗的天空、轻柔的云朵、细腻的雨滴、飘落的雪花、轰鸣的雷电到变幻莫测的风向与风速，每一个元素都被视为传达天气信息的核心。同时，结合现代科技与设计理念，融入了动态感知、数据可视化等现代元素，旨在通过图标动效展现"智慧天气"应用对天气预测的精准与智能。通过精心筛选与提炼，设计师可以将这些元素转化为简洁、直观且富有动态感的UI图标设计。

### 3.动效深化设计

（1）多云转晴图标：设计时，设计师捕捉了阳光穿透云层的瞬间，通过光线的渐变与扩散效果，模拟出温暖而明媚的日照场景。动画中，云朵缓缓移动，阳光逐渐增强，营造出一种宁静而舒适的氛围。

（2）雷阵雨图标：雨滴从云层中轻盈落下，汇聚成细雨的视觉效果。配合小的闪电闪烁，让用户仿佛置身于雷雨之中。背景随着闪电也会相应闪烁，增强真实感。

（3）雪天图标：雪花缓缓飘落，轻盈而优雅。通过精细的图形设计，利用动画技术模拟雪花的旋转、飘动过程，营造出银装素裹的冬日景象。

（4）风图标：在风图标的设计中，设计师抽象了风的元素。用线条来表达风的视觉外形，伴随线条流动，背景的云朵也随着飘动。

### 4.动效设计定稿

在综合各天气图标的动效设计后，设计师进行了整体的优化与调整。确保每个图标的动画流畅自然，既符合天气现象的真实特征，又能够吸引用户的注意力。同时为图标动效设计了时下流行的"毛玻璃"模糊质感，并配合适宜的配色方案与光影效果，使其在不同背景下都能保持良好的视觉效果。最终定稿的"智慧天气"UI图标动效，不仅准确传达了天气信息，还通过动态特效视觉提升了用户体验，展现了"智慧天气"应用的智能化与人性化设计，以"雷阵雨"动效为例，设计其动画关键原画及动画过程（图6-53）。

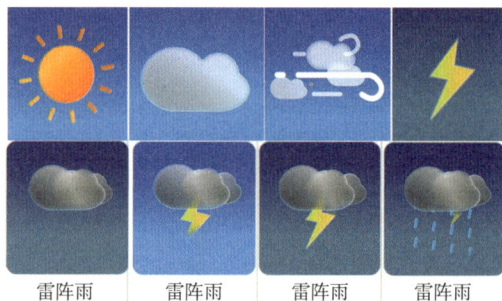

图6-53 "智慧天气"UI图标设计定稿

## 三、"多云转晴"制作流程

### 1.新建项目

选择菜单文件→新建→新建项目（Ctrl+Alt+N），接着新建合成（Ctrl+N）参数为1920*1080、25帧/秒、2秒20帧时长、黑色背景。

### 2.图标绘制

该套图标的绘制采用Illustrate绘制，绘制完成后选择另存为"图标.ai"格式。

### 3. 素材导入

在项目面板中打开导入文件对话框，找到素材文件夹位置，选择"图标.ai"，单击"导入"按钮，在弹出的对话框中将导入种类改为"素材"，其他按默认值单击确定，完成素材导入（图6-54）。

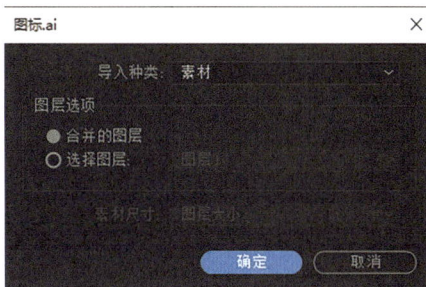

图6-54 绘制素材导入

### 4. ai文件重绘

将"图标.ai"拖拽入时间线面板，选中该层后单击右键→选择创建→从矢量图层创建形状，将该层转换为形状图层，便于曲线编辑（图6-55）。

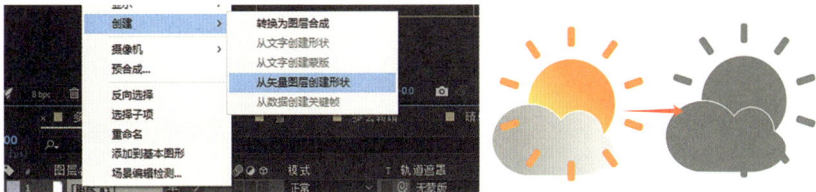

图6-55 ai文件重绘

★注：由于.ai文件导入后不是矢量图形，无法编辑，通过此方法转换为形状层。

### 5. 矢量图形上色效果制作

重新描绘好的图形为单色填充，要为太阳、太阳光芒、云三个图形组件分别添加"渐变填充"属性，并调整渐变色彩，完成上色处理（图6-56）。

图6-56 矢量图形上色1

### 6. 制作磨砂玻璃效果

将云层重命名为"云-白",按Ctrl+D再制一份,重命名为"云-磨砂"放置于"云-白"层的上方,在时间线面板左侧,设置该层的属性为"调整图层",并为该层添加效果→模糊→快速方框模糊(模糊半径值为8),实现云层后方图层的磨砂玻璃模糊效果(图6-57)。

图6-57 矢量图形上色2

### 7."晴转多云"动画制作

(1)太阳光芒动画:选择"太阳-光芒"层,按R键调出旋转属性,打开属性码表按钮,设置第1帧到最后一帧旋转90度的动画,实现光芒旋转效果;按S键调出缩放属性,设置缩放动画参数,并复制这三个关键帧在之后的时间线内重复,实现光芒缩放跳动效果(图6-58)。

图6-58 太阳光芒动画参数

(2)太阳钻出云层动画:选择"太阳-光芒"层,将该层"父级和链接"选择到"太阳"层,实现光芒跟随"太阳"层一起运动的绑定,选中"太阳"层,按P键调出位置属性,设置13帧 -1秒处的位移关键帧,实现太阳从左下角到右上角的位移,模拟太阳从云层跳出的效果(图6-59)。

(3)云层动画:选择"云-磨砂"层,将该层"父级和链接"选择到"云-白"层,实现磨砂跟随"云-白"层一起运动的绑定,选中"云-白"层,按P键调出位置属性,设置云朵缓缓位移关键帧,实现

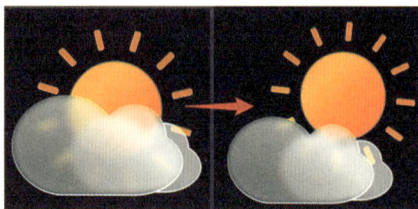

图6-59 太阳钻出云层动画

云层飘动效果（还可以设置该层的缩放属性，实现云朵跳动感）（图6-60）。

（4）背景动画：新建形状图层，选择圆角矩形工具绘制一个圆角矩形（圆度50），设置填充为渐变（浅蓝色到深蓝色），白色描边（描边宽度8）（图6-61）。

选择渐变填充属性，设置太阳在云层中为深灰蓝色到浅灰蓝色渐变，当太阳在云层外时，设置渐变色为深蓝色到浅蓝色，实现太阳在云层时背景色灰蓝，太阳钻出云层时背景色亮蓝色，模拟天晴色彩效果（图6-62）。

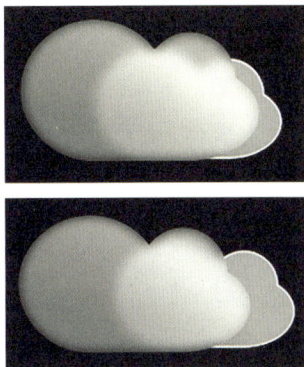

图6-60 云层动画

图6-61 背景渐变

图6-62 背景动画1

### 8. 预览与调整

所有素材处理完毕后，按下小键盘（数字键盘）的0键，等时间线上端的绿色缓冲条缓冲完成，即可预览最终合成的效果。

## 四、"雷阵雨"制作流程

### 1. 新建合成

新建合成（Ctrl+N）参数为1920*1080、25帧/秒、2秒20帧时长、黑色背景。

### 2. 闪电图标绘制

新建形状图层，用钢笔工具绘制闪电图形，填充黄色渐变、白色描边（图6-63）。

图6-63 闪电图标绘制

### 3. 雨滴绘制

新建形状图层，用椭圆工具绘制雨滴图形，填充蓝色渐变、白色描边。添加"中继器"属性，模拟雨滴向下复制效果（图6-64）。

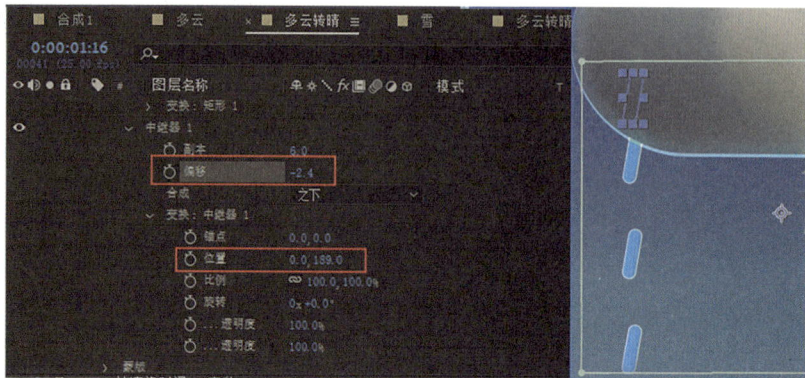

图6-64　雨滴绘制参数

再次添加"中继器"属性，模拟雨滴横向复制效果（图6-65）。

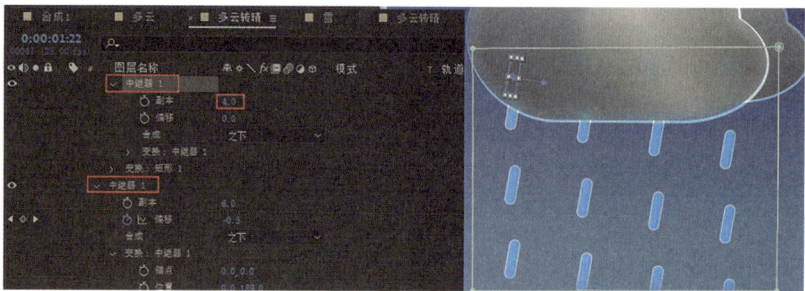

图6-65　雨滴动画参数

### 4. "雷阵雨"动画制作

（1）闪电动画：选择"闪电"层，选择矩形工具，为"闪电"层绘制蒙版，打开蒙版路径属性，设置，随时间的闪电逐渐显现效果（图6-66），接着按T键打开不透明度属性，设置不透明度在短时间内闪烁效果，模拟闪电闪烁效果。

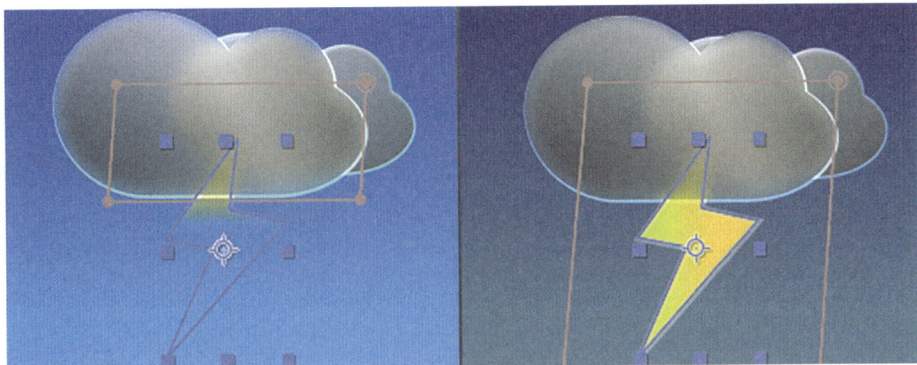

图6-66　闪电动画

（2）雨滴动画：选择"雨滴"层，将该层"中继器1""偏移"值码表打开，设置偏移参数动画，模拟雨滴落下效果（图6-67）。

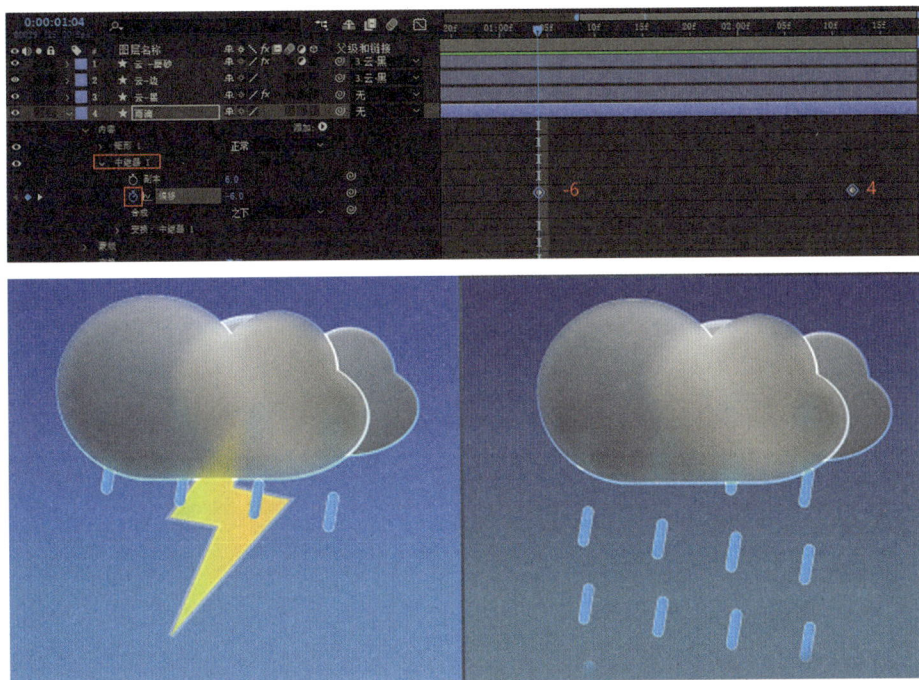

图6-67　雨滴动画

（3）背景动画：选择渐变填充属性，设置闪电在云层中为深灰蓝色到浅灰蓝色渐变，当闪电闪烁时，设置渐变色为浅色渐变并短时间多次亮暗色切换，模拟闪烁效果（图6-68）。

图6-68　背景动画2

## 五、"风"制作流程

### 1. 新建合成

新建合成（Ctrl+N）参数为1920*1080、25帧/秒、2秒20帧时长、黑色背景。

### 2. 风图标绘制

新建形状图层，用钢笔工具绘制风图形，无填充色、白色描边，描边宽度为15（图6-69）。

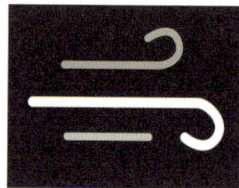

图6-69　风图标绘制

### 3. 云朵绘制

复制之前案例中的云朵，调整大小位置并复制几份，白色渐变填充、白色描边，描边宽度为2，整理图层排列和样式（图6-70）。

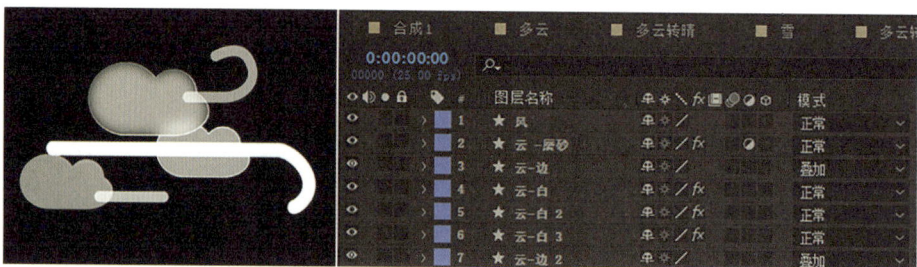

图6-70　云朵绘制及参数

### 4. "风"图标动画制作

（1）"风"线条动画：选择"风"层，为三条曲线分别添加"修剪路径"属性，打开修剪路径属性设置，调整0～2秒动画参数（图6-71），即可看到动画效果（图6-72）。

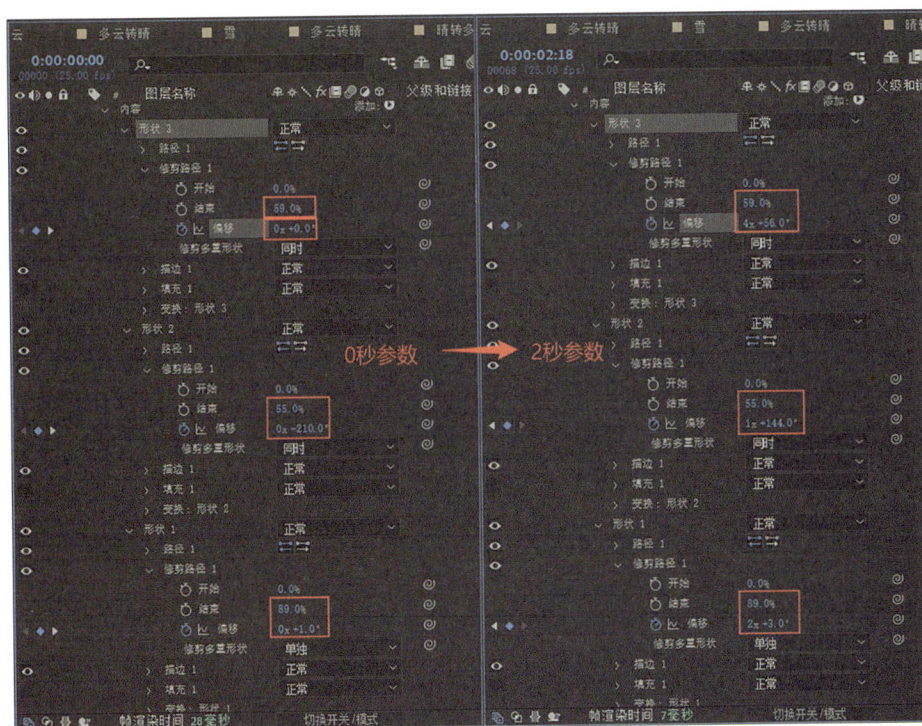

图6-71 "风"线条动画参数

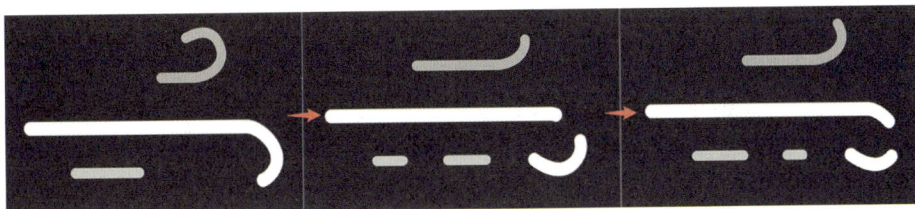

图6-72 "风"线条动画效果

（2）"云朵"飘动动画：选择"云朵"层，分别调整三个云朵的"位置"属性关键帧，让三朵云横向位移，模拟云朵飘动动画（图6-73）。

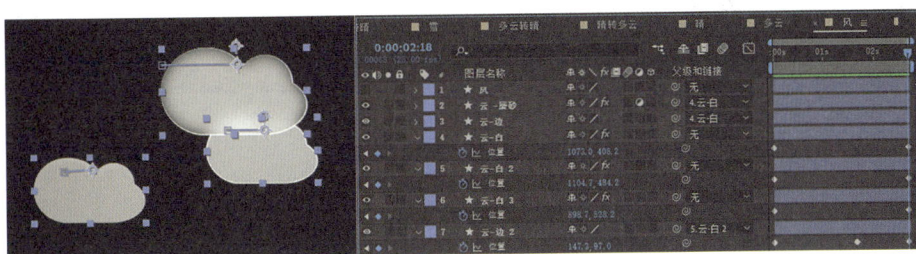

图6-73 "云朵"线条动画及参数

## 六、"智慧天气"动态图标合成

### 1. 新建合成

新建合成（Ctrl+N）参数为1920*1080、25帧/秒、2秒20帧时长、黑色背景，并命名为"智慧天气 动态图标"（图6-74）。

### 2. 导入其他天气图标

在项目面板分别导入风、雪、晴、多云转晴、晴转多云、雷阵雨.aep文件，直接将以上aep文件拖拽入合成面板，完成图标组合（图6-75）。

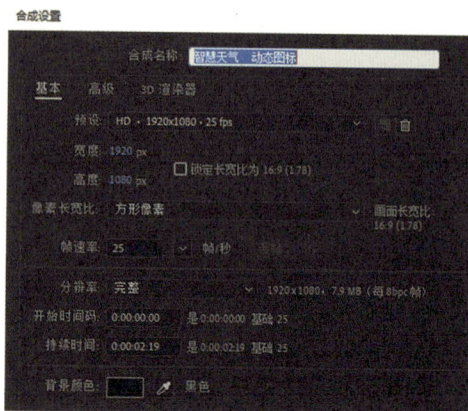

图6-74 "智慧天气 动态图标"参数

图6-75 图标组合

### 3. 更换背景与输出

新建纯色层并放置于最底层，添加效果→生成→梯度渐变，制作深灰色到浅灰色渐变背景（图6-76），点击合成→添加到渲染队列（Ctrl+M）渲染为mp4格式。

图6-76　更换背景动画

● 思考与练习

1. 在进行Logo动效设计时，如何运用设计思维来确保其动画既吸引眼球又传达出品牌的核心理念？请列举几个关键步骤或策略。

2. 使用After Effects工具，尝试设计一个静态的"自然之声"Logo，并将其转化为一个动态的Logo动画。要求动画中包含至少三种本章所学的动效技巧，如关键帧动画、图层管理或表达式应用。

3. 分析一个现有的动态Logo或UI动效（可以从网上找案例），指出其中使用了哪些本章提到的设计技巧或功能，并讨论这些技巧如何增强了整体的视觉效果和用户体验。如果你认为有改进的空间，请提出具体的改进建议。

第七章

App界面动效设计

## 教学目标

本章旨在全面掌握App界面动效设计的基本理论和实践技能，了解App动效的常见类型及应用场景，认识到可视化动效在提升信息传递效率中的重要性。同时，将学习交互动效的设计原则与制作技能，以及新技术如AR、VR及AI在动效设计中的应用趋势。通过本章的学习，学生应能够运用所学知识创作出具有独特性和艺术价值的视效作品，服务于社会并推动行业发展。

## 教学重点

1.掌握App界面动效设计的基本理论和实践技能，了解App动效的常见类型及应用场景。
2.深入理解可视化动效在提升信息传递效率中的作用，以及交互动效的设计原则。
3.熟悉新技术如AR、VR及AI在动效设计中的应用趋势，并能够将这些技术融入自己的设计中。

## 推荐阅读

[1]刘津，李月. 破茧成蝶——用户体验设计师的成长之路[M]. 2版. 北京：人民邮电出版社，
　 2020.
[2]刘丽. APP UI设计手册[M]. 2版. 北京：清华大学出版社，2023.

## 教学实践

本章教学实践环节将围绕App界面动效设计的核心内容展开。学生将分组进行实训案例的操作和分析，包括"汇·集App按钮演绎动画实例""App界面动效实例——手机快充动效"以及"'O'MUSIC音乐App界面实例"。通过实际操作，学生将深入理解App界面动效设计的基本理论和实践技能，同时锻炼自己的创新能力和团队协作能力。

**本章知识要点：**

　　本章主要介绍了App界面动效设计的核心内容，包括App动效的常见类型及应用场景，可视化动效在提升信息传递效率中的重要性，交互动效的设计原则与制作技能，以及新技术如AR、VR及AI在动效设计中的应用趋势。同时，强调了动效设计在提升用户体验、优化信息传递效率方面的社会价值，并鼓励培养学生的创新探索精神，以创作出具有独特性和艺术价值的视效作品，服务于社会并推动行业发展。通过本章的学习，学生应能够全面掌握App界面动效设计的基本理论和实践技能。

　　在数字化浪潮中，App已成为连接用户与数字世界的核心枢纽，其交互设计与信息可视化动效更是提升用户体验、优化信息传递效率不可或缺的关键环节。随着动态图形技术的普及与深化，细腻且富有创意的App交互动效逐渐成为吸引用户注意力、增强沉浸感的重要组成。面对市场上琳琅满目的App，成功的设计作品往往能巧妙融合内容与视觉表现，特别是在视觉层面，丰富多样的交互动效成了不可或缺的元素。

**扩展知识**

　　App交互与信息可视化动效设计在数字化时代展现出无限的发展前景，其应用软件遍布各类市场，不仅提升用户体验，还促进数据的高效传达。这一领域的发展得益于技术创新，如AR、VR及AI的融入，使交互更加自然流畅，动效设计更为个性化与智能化。在生活应用中，从日常购物到健康管理，再到智慧城市，这些设计让数据和信息以更直观、生动的方式服务于用户，成为连接数字世界与现实生活的视觉桥梁。

# 第一节　App 交互设计基础

## 一、定义

　　App交互设计是指设计师对App本身及其使用者之间的互动机制进行分析、预测、定义、规划、描述乃至探索的过程。它是UI设计中的重要组成部分，旨在通过优化用户与App之间的交互方式，提升用户体验，解决用户痛点，以用户为中心，在确保产品的易用性和高效性的前提下实现用户视觉上的舒畅与美观。

### 1. App交互设计元素

（1）界面布局：合理的界面布局是交互设计的基础，设计师应考虑到用户的视觉习惯和操作便利性，在设计时应深入洞察用户的视觉浏览习惯，确保重要信息置于显眼位置，同时保持界面简洁，避免信息过载。通过合理的空间分配、色彩搭配与字体选择，引导用户顺畅地探索App内容（图7-1）。

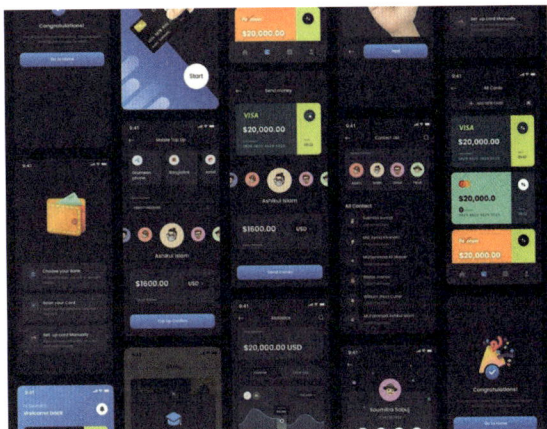

图7-1　App界面布局

（2）导航设计：导航设计也可以称为框架设计，将产品的核心点（业务层）集中突出，尽可能做到任务路径的扁平化和用户操作便捷性，将用户最常用行为（用户层）分类组织，让这些功能元素被用户以最容易的方式获取和使用，在移动界面设计中，是非常重要的模块，清晰的导航结构有助于用户快速找到所需内容，减少迷失感。导航设计应简洁明了，易于理解，确保用户在任何页面都能轻松返回主页或找到其他主要功能（图7-2）。

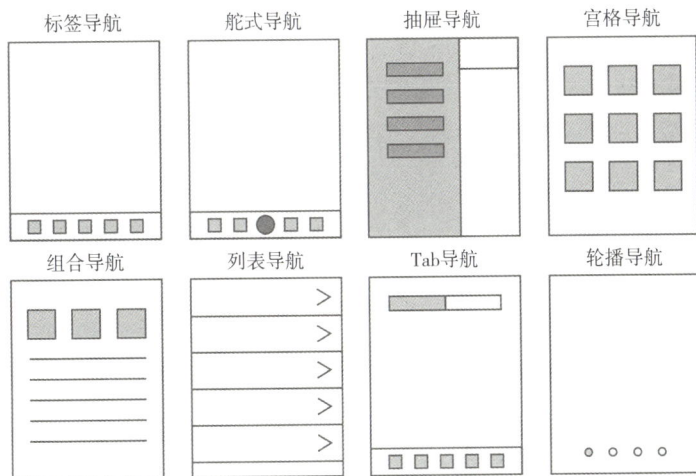

图7-2　App导航设计

（3）交互控件：按钮、滑块、开关等控件的设计应直观易用，符合用户的操作预期。控件设计需直观易懂，符合用户的直觉操作。大小、形状、颜色及反馈效果应一致，确保用户在不同场景下都能准确识别并操作（图7-3）。

图7-3　App交互控件

（4）动态效果：动态效果可以增强用户的参与感和愉悦感，但需谨慎而控制地使用，避免过度炫耀导致用户分心或干扰核心任务的完成。

## 2. 交互设计的基本原则

（1）可用性：可用性是指用户能够轻松、高效且满意地使用App的能力。为了实现这一目标，设计师需要关注以下几个方面：首先，界面布局应简洁明了，避免信息过载，确保用户能够快速找到所需功能；其次，操作逻辑应符合用户的直觉和习惯，减少不必要的步骤和复杂的操作流程；最后，文字、图标和色彩等视觉元素应清晰易辨，避免给用户造成困惑。通过遵循这些原则，可以显著提高App的可用性，从而提升用户的满意度和忠诚度。

（2）可访问性：可访问性意味着设计师应考虑到所有用户的需求，无论他们是否有特殊需求，其中包括视觉、听觉、运动或认知障碍的用户。为了实现可访问性，设计师可以采取一系列措施：例如，为视觉障碍用户提供高对比度界面和屏幕阅读器支持；为听觉障碍用户提供文字提示和振动反馈；为运动障碍用户提供大按钮和简化的操作流程；为认知障碍用户提供清晰、简洁的指导和帮助信息。通过这些设计，可以确保所有用户都能平等地享受App带来的便利。

（3）一致性：一致性在交互设计中至关重要，它有效地减少了用户的学习成本并增强了他们的信任感，其中包括界面布局、操作逻辑、视觉风格等方面的一致性。例如，相同的按钮应始终位于相同的位置，相同的操作应始终产生相同的结果。此外，设计师还应遵循平台和设计系统的规范，以确保App与用户的期望和习惯保持一致。通过保持一致性，可以使用户更加轻松地理解和使用App，从而提高他们的满意度和效率。

（4）反馈：反馈是用户与App交互过程中不可或缺的一部分，它有助于增强用户的控制感并减少不确定性。当用户执行操作时，App应及时给予明确的反馈，以确认用户的操作已被接收并正在处理。这种反馈可以是视觉的（如进度条、动画等）、听觉的（如声音提示）或触觉的（如振动）。此外，反馈还应具有及时性、准确性和相关性，以确保用户能够准确地了解他们的操作结果。通过提供有效的反馈，可以使用户更加自信地使用App，并减少因失误操作或不确定性而产生的挫败感。

## 二、App设计中的交互动画

如今，各式各样的App已成为我们日常生活不可或缺的一部分，其中蕴含众多动态设计元素，诸如各平台独特的点赞动画与加载动画，无疑增添了使用的乐趣。高质量的动态设计显著提升了用户体验，使动画这一艺术形式从儿时电视屏幕上的经典回忆到如今手机屏幕上的常客，变得既亲切又普及。然而，在享受这些色彩斑斓、引人入胜的动画时，我们往往全神贯注于画面本身，却鲜少深入探究其背后的奥秘。例如，动画为什么比静态图片更具吸引力？为何动画能带来更为强烈的视觉冲击？以及动画为什么总能赋予我们一种鲜活的生命力之感？这些问题即动画的核心：动画界面的作用。

### 1. 动画界面的作用

动画界面的表象含义指动画在界面中所起到的主要用途与实际作用，背后隐性的含义是指动画给我们带来的一些主观感受与操作体验（图7-4）。

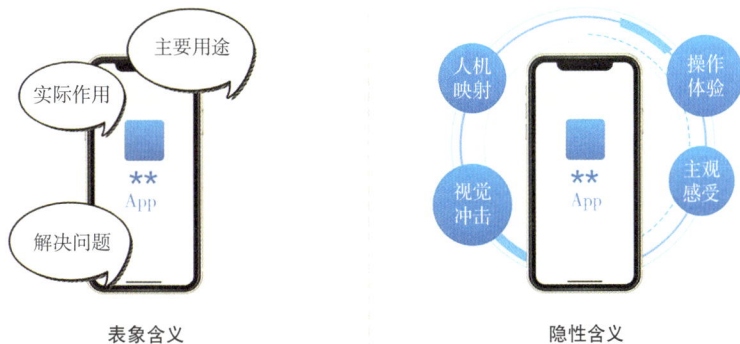

图7-4 App动画界面的作用

### 2. 交互反馈

App界面的动画也同样具有这样的目的，当用户使用App时，所期望的功能需求和反馈希望界面能够生动活泼且真正进行响应，如此可以改善用户对产品的认识与喜好（图7-5）。

### 3. 加载状态

当用户在界面中进行操作或浏览特定内容时，App需与后台系统进行交互，刷新并获取最新数据，再将其展示在用户界面上，以确保用户能看到更新后的内容。然而，在网络状况不佳的情况下，设计师要如何通过界面设计向用户传达App并未出现故障或延迟呢？关键在于采用加载动画展示。设计师应确保用户意识到App并非响应迟缓，而是在积极下载数据。通过设计合理且有效的动画，直观展示系统当前的处理状态，使用户感受到App的运作是有序且可控的。

如果说不能缩短或不能绝对性地解决用户的等待时间，设计师应该让用户的等待时间变得愉快，使用户对等待本身减少关注（图7-6）。

### 4. 信息通知

众多App均内置了消息功能，用于展示系统更新信息、用户操作反馈等内容。当新消息抵达时，如同收到快递提醒，有效的通知机制至关重要。尽管部分App采用"小红点"作为新消息提示，但从用户心理模型与实际使用场景出发，新消息的提示更适宜结合小铃铛图标、手机震动及声音提醒，以形成多维感知。此外，精妙的动画消息提示能自然吸引用户注意，使信息传递过程更加愉悦。因此，对通知采用动画处理，不仅能够提升用户体验，而且细腻的小动画设计也不会干扰用户的核心操作（图7-7）。

图7-5　App交互反馈

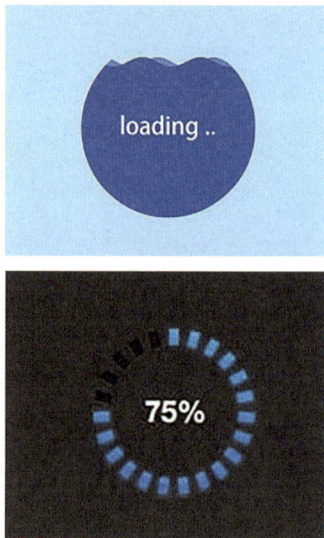

图7-6　App加载状态

图7-7　App信息通知

### 5. 导航过渡

导航一般主要分为顶部分类导航、底部Tab主导航、侧边栏导航三个部分。导航的交互动画作用在于明确告知用户操作路径，在用户触发选项后告知用户界面的变化过程，并有效地使用户学习如何再次触发页面后可以回到起点（图7-8）。

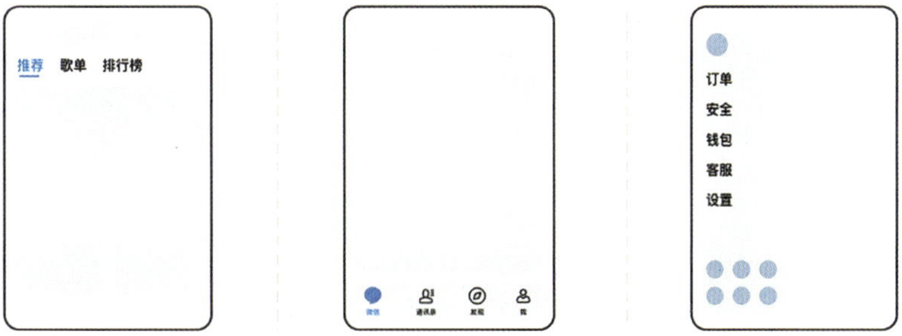

| 顶部分类导航 | 底部Tab主导航 | 侧边栏导航 |

图7-8　App导航过渡

### 6. 动画视觉反馈

交互动画的精髓在于为用户清晰展现操作流程的起点与终点，同时，它也扮演着缓解等待时间、增强产品趣味性和用户满意度的角色。然而，过度强调交互动画不仅不能提升用户满意度，反而可能因延长App响应时间、引发视觉疲劳而降低用户体验。因此，设计师在设计交互动画时，应着重考虑如何平衡动态与静态元素，确保动画既不过于突兀，也不失其吸引力。掌握这一平衡点，是设计师必须深入学习与思考的关键（图7-9）。

图7-9　App动画视觉反馈

# 第二节　App 按钮创意演绎设计

## 一、App按钮创意演绎动效设计

App按钮演绎动效作为UI和UX设计中的重要组成部分，不仅提升了应用的视觉吸引力，还能彰显出App的独特设计性格，例如飞猪App，搜索框变为猪鼻子动效、菜鸟裹裹App寄出包裹动效等，都能在说明功能的同时，彰显出独特的设计性格（图7-10）。

## 二、创意演绎动效实例——"汇·集App"按钮演绎动画

本案例模拟万物聚集的特效，让各色彩球从四面奔涌而来，经过色彩融合、形状融合，最终汇集到App图标上，用动画演绎"汇·集App"的含义（图7-11）。

图7-10 App按钮演绎动效

图7-11 "汇·集App"按钮演绎动画

### 1. 平面设计构思

整体设计围绕"汇·集"的主题，选取中文"汇"字作为设计的原点，深入挖掘其字形结构与内在意蕴。特别是"汇"字中的C字形结构被赋予了汇聚、包围的象征意义，成为整个设计的视觉焦点。对三点水偏旁进行大胆简化，将其转化为两个圆润的圆点。这一设计手法不仅简化了视觉元素，还增强了图形的现代感和简洁性，使Logo更加易于记忆和传播（图7-12）。结合汉字"汇·集"作为Logo标识，突出了汇聚、融合的核心意义。

图7-12 "汇·集App"Logo

### 2. 动态设计构思

（1）彩球汇集：五彩斑斓的彩球从四面八方缓缓升起，以一种优雅而有序的轨迹向中心汇聚，这不仅是彩球的集合，更是创意与灵感的交汇，象征着团结与凝聚的力量。

（2）融合动画：彩球之间仿佛存在着无形的纽带，当它们互相触碰时，不仅形状开始柔和地交织在一起，色彩也相互渗透，如同调色盘上的艺术创作，既保留了各自的独特魅力，又共同孕育出新的色彩生命。彩球之间靠近会发生形状融合、色彩融合的效果，最终汇集成一个圆角矩形。

（3）Logo动画：汇集成圆角矩形后，Logo在柔和的光线中逐渐清晰，随着细腻的扫光效果，仿佛有一束光正温柔地拂过每一个细节，不仅增添了动态的美感，也让Logo本身显得更加生动、立体，充满了科技感与未来感。

### 3. 制作流程步骤

（1）新建项目：启动After Effects软件，选择菜单文件→新建→新建项目（Ctrl+Alt+N），新建1920*1080、25帧/秒、5秒帧时长的项目（Ctrl+N）。

（2）素材导入：在项目面板中打开导入文件对话框，找到素材文件夹位置，选择"汇集.png"，单击"导入"按钮。

（3）绘制图形：①绘制图标背景：新建形状图层，选择圆角矩形工具，绘制一个圆角矩形，为圆角矩形添加"渐变填充"属性，绘制深蓝至浅蓝色渐变（图7-13）。

②绘制彩色圆形：新建形状图层。选择圆形工具，绘制一个圆形，为圆形填充红色纯色，绘制完成后，选中该层，按Ctrl+D将该层复制多份，并修改填充色为不同彩色（图7-14）。

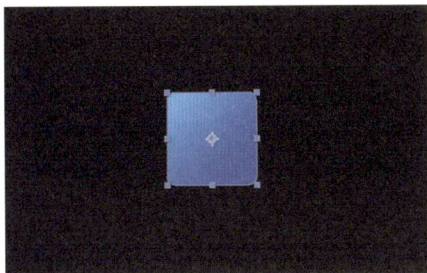

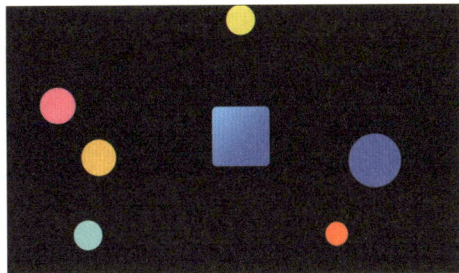

图7-13 绘制图形　　　　　　　图7-14 绘制彩色圆形

③制作汇集动画：选中圆形，打开位置属性，制作0～1.5秒的位移动画，实现圆形向圆角矩形汇集的效果（图7-15）。

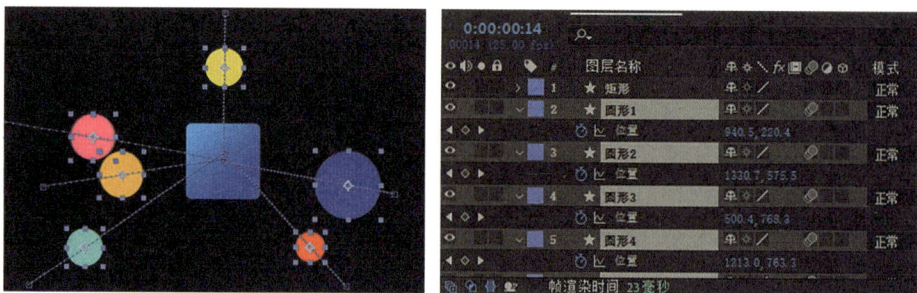

图7-15　制作汇集动画

④制作汇集融合特效：选中所有圆形和圆角矩形形状图层，按Ctrl+Shift+C将选中层做成预合成，并重命名为"汇集"。为该层添加效果→模糊→快速方框模糊，同时再添加效果→遮罩→简单阻塞工具，并设置参数，实现汇集融合变形效果（图7-16）。

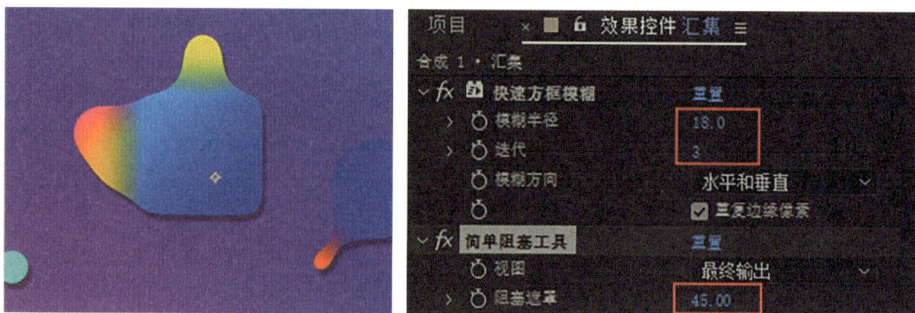

图7-16　制作汇集融合特效

⑤Logo变化特效：将"汇集.png"素材拖入时间线，并调整大小位置，匹配到蓝色圆角矩形背景上，为该层添加图层样式→斜面与浮雕样式，为保持其运动和蓝色圆角矩形一致，将该层的"父级和链接"设置为"汇集"层（图7-17）。

图7-17　Logo变化特效

⑥文字特效及背景：新建文本层，输入"汇·集"二字，设置其透明度属性动画，实现渐显效果。新建纯色层，添加效果→生成→四色渐变，制作蓝紫色渐变背景（图7-18）。

⑦细节效果：为"汇·集"层添加效果→生成→CC Light Sweep，调节2～5秒处的扫光位移关键帧，实现定版后扫光动画，同时再为该层添加图层样式→投影，完成细节制作（图7-19）。

图7-18　文字特效及背景

图7-19　"汇·集App"细节效果

# 第三节　手机充电动效设计

## 一、手机快充动效

手机快充动画广告作为App界面动效的一个实例，旨在通过生动、直观的动画效果展示手机快速充电的特性，吸引用户的注意力并传达产品价值。

### 1. 平面设计构思（图7-20）

（1）色彩运用：采用从蓝色到紫色的渐变背景，不仅营造出强烈的科技感与现代感，还成功吸引了观者的目光，凸显了产品的先进性与未来属性。

（2）文字布局：右侧上方"120W极速充"以醒目白色字体呈现，直接点明产品核心卖点——超高速充电能力。下方以"充电5分=通话60分"的创意表达，巧妙对比，直观展现充电效率之高，令人印象深刻。

（3）图标设计：充电信息包括刻度线、百分比、电流环、充电提示等，屏幕中央的蓝色光圈与闪电图案构成的充电图标，既形象又生动，直观传达了充电状态与速度，成为视觉焦点。下方

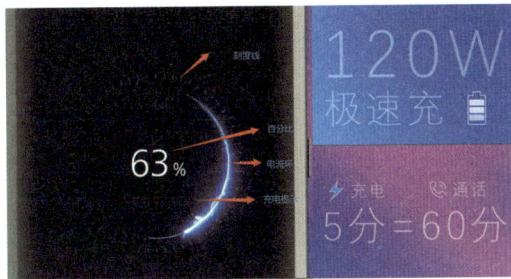

图7-20　手机快充动效平面设计构思

"63% Charging…"字样，进一步强化了快速充电的成效。

（4）信息聚焦：手机图像占据画面主体，正面展示，确保所有关键信息（如电量、充电状态）一目了然，有效引导观者视线，聚焦产品核心功能。

（5）整体布局：设计整体简洁而不失细节，信息层次分明，视觉平衡感强。上下文字形成对比相互呼应，充电图标作为视觉中心，三者共同构成了一个和谐统一的整体，有效传达了产品的快速充电优势与高效便捷的使用体验。

### 2. 动效设计创意广告思路（图7-21）

（1）该动画广告在App的启动页或特定推广页面展示，当用户打开App时，动画开始播放：画面中先出现一个手机充电界面，接着，手机图标被插入一个快充充电器中，此时动画进入高潮部分。

（2）快充过程中，动画通过动态效果展示电流从充电器流入

图7-21 动画广告设计

手机电池的过程。可以看到，电流以光带或粒子流的形式快速涌入手机，同时电池百分比指示器上的电量指示迅速上升，直观地展示了快充的高效性。为了增强视觉效果，动画还可能加入一些光影效果，如闪烁的光芒、电流流动的音效等，使动画更加生动逼真。

（3）在屏幕动画外的部分，显示快充性能，同时出现品牌Logo和快充的宣传Slogan，加深用户对品牌和快充技术的印象。

（4）整个动画广告设计注重简洁明了，避免过多的装饰和复杂的动画效果，以免分散用户的注意力。同时，动画的流畅性和连贯性也是关键，确保用户能够轻松理解动画所传达的信息。通过快充动画广告，可以有效地提升用户对手机快充技术的认知和兴趣，进而促进产品的销售。

## 二、手机快充动效制作流程

### 1. 新建项目

选择菜单文件→新建→新建项目（Ctrl+Alt+N），新建1920*1080、25帧/秒、4秒时长的合成（Ctrl+N）。

## 2.导入素材

在项目面板中空白处双击鼠标左键，打开导入文件对话框，找到素材文件夹位置，选择"手机正面–空.psd"，单击"导入"按钮，在弹出的对话框中将导入种类改为"合成"，其他按默认值单击确定，完成素材导入。再次双击鼠标左键，打开导入文件对话框，选其"电池.ai、状态栏图标.png"素材导入（图7-22）。

图7-22　导入素材3

### 3.导入素材到合成面板

将所有素材拖拽入时间线面板，在合成窗口通过位移、旋转、缩放等操作将素材摆放好，新建两个文本层，分别键入"120W极速充及充电5分=通话60分"文字，接着选中"电池.ai"层，右键选择创建→从矢量图层创建形状，完成小图标的创建（图7-23）。

图7-23　导入素材到合成面板

### 4.充电动效制作

（1）新建合成：新建1920*1080、25帧/秒、4秒时长的合成，命名为"充电页面"，并将该合成拖放到总合成中的"手机正面–空"层上（图7-24）。

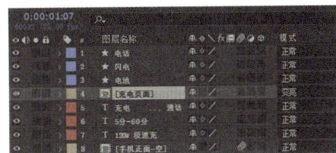

图7-24　新建合成1

（2）充电电流特效：双击进入"充电页面"合成，新建纯黑色纯色层，命名为"光圈"，在选中该层的前提下，用椭圆工具绘制一个正圆形蒙版，添加效果→Video Copilot→Saber特效（图7-25）。

图7-25　充电电流特效

★注：该特效为插件，具体安装方法请参考插件安装的教学章节。

在Saber特效中设置开始偏移和结束偏移的动画数值，模拟电流绕圆环流动的效果（图7-26）。

### 5. 百分比数值变化特效

新建文本层，输入%符号，再次新建纯黑色纯色层，命名为"数值"，添加效果→文本→编号，组合两个层的位置和大小关系，并设置特效0～2秒处参数分别为0和100，模拟充电百分比变换的效果（图7-27）。

### 6. 刻度变化特效

新建形状层，选择星形工具，绘制星形，并命名该层为"暗色刻度"（图7-28）。

选中"暗色刻度"层，选择椭圆工具为该层绘制圆形蒙版，模拟刻度的效果（图7-29）。

再制"暗色刻度"层（Ctrl+D），并重命名该层为"亮色刻度"，将该层放置于"暗色刻度"层下，选中"暗色刻度"层，添加效果→过渡→径向擦除，设置0～2.3秒的"过渡完成"参数，模拟刻度旋转的效果（图7-30）。

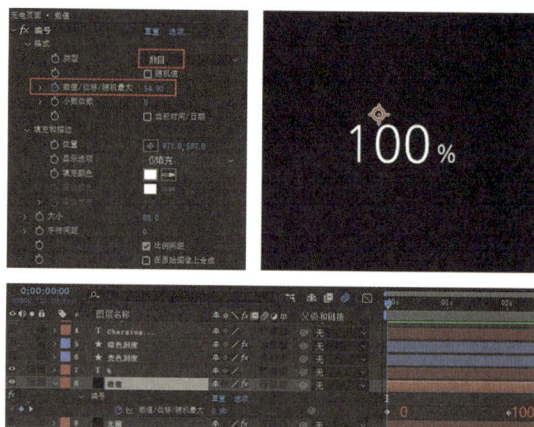

### 7. 充电提示文字特效

新建文本层，输入"charging…"文字，设置该层时长为

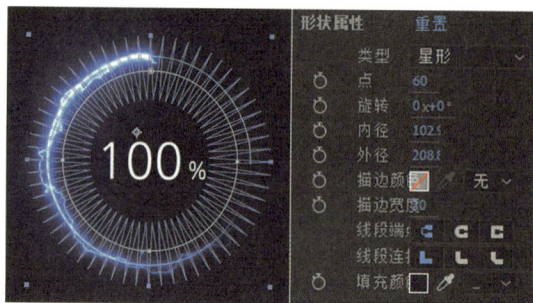

图7-26  Saber特效设置参数

图7-27  百分比数值变化特效

图7-28  刻度变化特效1

2.3秒，添加文本层"填充色相"属性，添加0～2.3秒处色彩变化的关键帧，模拟充电过程中的文本色彩变化效果。

再新建一个文本层，输入"Compete"文字，设置该层2.3秒的缩放效果，模拟充电完成时，文字变大提示的效果（图7-31）。

### 8. 广告页面文字特效

回到"总合成"页面，选中文本层"120W极速充"和"充电5分…"，设置这两层向左向右位移动画（图7-32）。

### 9. 电池等小图标特效

选中"电池"层，为其绘制3个矩形，并设置矩形的填充不透明度动画，模拟电池充电状态（图7-33）。

选中"闪电"层，添加"修剪路径"属性，设置0.5～1秒的修剪路径动画，同时设置蓝色填充色的不透明度循环变化动画，模拟闪电闪烁状态（图7-34）。

选中"电话"层，添加"修剪路径"属性，设置1～1.5秒的修剪路径动画，同时设置电话声波曲线的不透明度循环变化动画，模拟电话通话状态（图7-35）。

图7-29 刻度变化特效2

图7-30 刻度变化特效3

图7-31 充电提示文字特效

图7-32 广告页面文字特效

图7-33 电池等小图标特效1

图7-34 电池等小图标特效2

图7-35 电池等小图标特效3

### 10.音效及细节特效

导入"充电音效、背景音效、充电提示音",放置于时间线对应位置,完成音效添加(图7-36)。

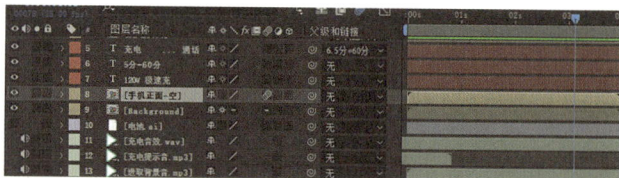

图7-36　音效及细节特效

### 11. 最终合成效果

合成后输出效果(图7-37)。

图7-37　最终合成效果1

# 第四节　App 界面动效设计

## 一、App界面动效实例——"O"MUSIC音乐App界面

"O"MUSIC音乐App的界面设计,其核心理念是深度融合音乐的节奏感与动态美学,旨在通过精妙的设计语言触动用户的审美情感。设计过程中,设计师首要聚焦于打造一个既灵动又具辨识度的Logo设计,这一元素不仅象征着品牌的独特身份,也作为贯穿整个界面设计的灵魂。

在界面布局与导航设计上,设计师规划了清晰直观的三级页面结构,确保用户在享受音乐的同时,能够轻松浏览并发现新的内容。每一级页面都经过精心设计,以确保信息的有效传达与用户体验的流畅性。动效设计思路在于巧妙地将音乐的节奏与动态属性融入界面动效中,无论是页面切换、按钮反馈还是播放控制,都通过细腻而富有创意的动效表达,为用户带来沉浸式的交互体验。这些动效不仅增强了界面的视觉吸引力,也进一步加深了用户对"O"MUSIC音乐App品牌特色的认知与记忆。

### 1.平面设计构思

（1）首页："O" MUSIC Logo设计旨在打造简洁、现代且富有吸引力的音乐App Logo设计（图7-38）。中心黄色圆点象征音乐的核心与节拍，周围环绕的粉红色与紫色曲线，宛如音乐的旋律在空间中自由流淌，传达出音乐的流动性和愉悦感。圆形与曲线的结合，完美诠释了音乐的和谐与动感。首页排版设计中，采用紫色与黄色的鲜明对比，紫色赋予Logo神秘与优雅的气质，黄色注入了活力与热情，两者结合既高端又不失活力。渐变效果的应用，更添层次与现代感。

图7-38 "O" MUSIC Logo设计

（2）二级页："O" MUSIC音乐App的二级页面设计思路聚焦于用户体验与视觉美学的融合（图7-39）。页面顶部清晰展示时间与音乐图标，配以播放、曲库、查找与识曲四大核心功能按钮，布局紧凑而直观。中间区域精选热门音乐专辑封面与标题，以视觉吸引用户探索更多音乐内容。底部展现音乐专辑的概念介绍，满足功能性的同时保持了现代设计感。

图7-39 "O" MUSIC二级页面设计

（3）二级页弹窗：信息包括分割线、登录、登出、歌手简介等，屏风格以白色磨砂玻璃效果为主，简洁且质感高级（图7-40）。

（4）播放页面：播放界面设计以简洁现代为核心，专注于提升用户的音乐享受与操作便捷性。界面中央醒目展示专辑封面，背景采用深蓝色渐变，底部布局直观，播放控制按钮一目了然，让用户能够轻松控制播放进度（图7-41）。

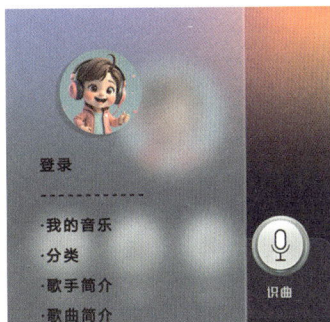

图7-40 二级页弹窗

（5）卡通代言人："O" MUSIC音乐App代言人形象设计思路应围绕活力、时尚与音乐的紧密联系展开。设计了一位卡通小男孩作为代言人，他身着粉紫色外套，头戴同色系耳机，脚踏粉紫色鞋子，整体形象既可爱又充满动感（图7-42）。

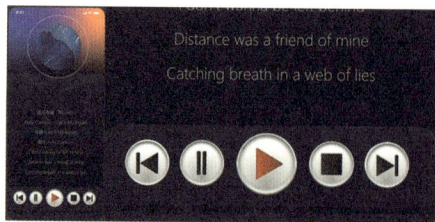

图7-41　播放页面

### 2. 动效设计思路

（1）首页：思路聚焦于音乐耳机图标向 "O" MUSIC Logo的点击变换过程，旨在打造简洁、现代且富有吸引力的首页设计，点击该图标后，Logo与耳麦图标融合转变，彰显出音乐的纯粹本质，与整体设计的现代感相得益彰。

（2）二级页：首页上划出现二级页，以平滑的淡入动画出现。二级页的专辑列表左右滑动采用3D效果，增加现代质感。

图7-42　卡通代言人Midjourney生成

（3）二级页弹窗：白色磨砂玻璃背景在弹窗出现时，透明度轻微变化，以柔和的淡入动画突出弹窗内容，保持界面的高级质感。

（4）播放页面：专辑封面在播放音乐时，以轻微的旋转和缩放动画展现，声波波动特效与音乐节奏相呼应，增强沉浸感。

（5）卡通代言人："O" MUSIC音乐App代言人卡通小男孩随着耳机内的音乐有节奏地律动身体。

（6）所有页面展示完毕后，页面右滑，播放一段音乐。

## 二、"O" MUSIC音乐App动效制作流程

### （一）首页动效

#### 1. 新建项目

新建项目（Ctrl+Alt+N），新建1920*1080、25帧/秒、40秒时长的合成（Ctrl+N），命名为"音乐App首页"，在此合成中再新建一个1920*1080、25帧/秒、5秒时长的合成项目，命名为"首页"。

## 2. 导入素材

双击"首页"合成，打开导入文件对话框，找到素材文件夹位置，选择"音乐App 首页.psd"，单击"导入"按钮，在弹出的对话框中将导入种类改为"合成"，其他按默认值单击确定，完成素材导入。将所有素材拖曳到时间线面板，在合成窗口通过位移、旋转、缩放等操作将素材摆放好（图7–43）。

## 3. Logo特效制作

（1）Logo点击动画：选中"Logo"层，用缩放属性和位移制作Logo被点击弹性动画，参数可根据制作实际情况调整（图7–44）。

（2）Logo融合特效：选中"Logo"层，点击菜单→图层→自动追踪，设置参数，生成该层的矢量描边效果，并修改该层色彩为紫色，重命名该层为"追踪的Logo"（图7–45）。

选中"耳机Logo"层，点击菜单→图层→自动追踪，修改参数生成该层的矢量描边效果，重命名该层为"追踪的耳机Logo"（图7–46）。

保持选中该层状态，按U键，显示出所有蒙版关键帧，全选所有关键帧并按Ctrl+C复制，接着再选中"追踪的Logo"层，按U键显示蒙版关键帧，并在轨道中选中关键帧层，并拖动时间滑块到1秒位置后，按Ctrl+V粘贴，实现两个图形的自动融合变化（图7–47）。

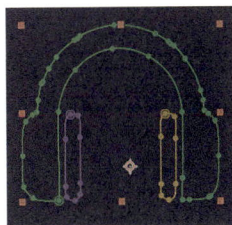

由于路径变化只能呈现出单色状态，所以当变化完成

图7-43 导入素材4

图7-44 Logo点击动画

图7-45 Logo矢量描边效果1

图7-46 Logo矢量描边效果2

后，设置"耳机Logo"层在"追踪的耳机Logo"的上方，设置透明度关键帧，实现Logo叠盖效果（图7-48）。

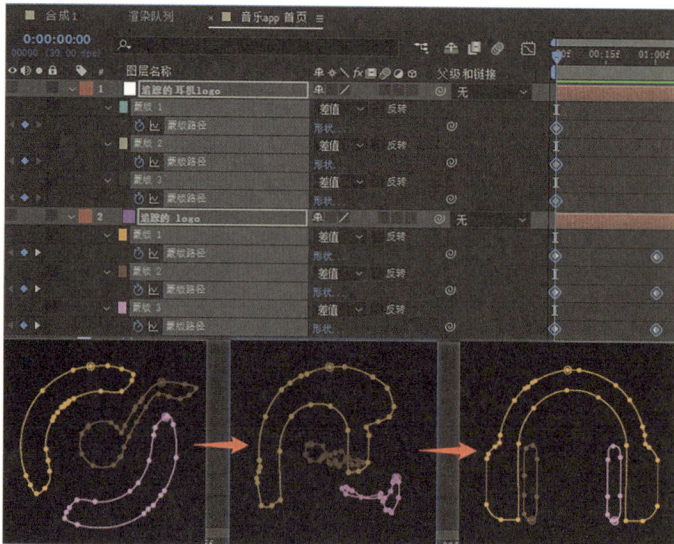

图7-47 Logo融合变化

图7-48 Logo叠盖效果

### 4. 声波特效

新建纯色层，添加效果→生成→无线电波，设置参数，实现声波特效，并调节"扩展"参数的关键帧动画，在Logo被点击时播放（图7-49）。

### （二）二级页动效

#### 1. 新建合成

新建1920*1080、25帧/秒、20秒时长的合成，命名为"音乐App二级页"。

#### 2. 导入素材

双击"音乐App二级页"合成，打开导入文件对话框，找到素材文件夹位置，选择"音乐App二

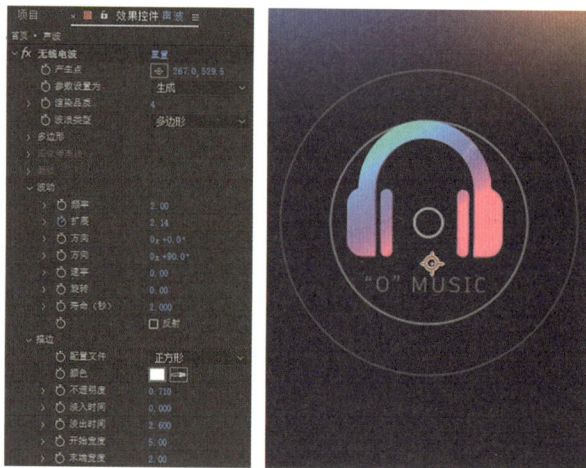

图7-49 声波特效

级页.psd"，单击"导入"按钮，在弹出的对话框中将导入种类改为"合成–保持图层大小"，其他按默认值单击确定，完成素材导入。将所有素材拖拽入时间线面板，在合成窗口通过位移、旋转、缩放等操作将素材摆放好（图7-50）。

### 3. 专辑列表滑动特效制作

选中"海报1、2、3、4"层，修改该层的属性为"3D"层，用位置属性制作专辑列表左右滑动效果，滑动动画完成后，再制作Y轴的旋转动画，并调节图表编辑器曲线，设置缓动关键帧，实现专辑列表三维滑动效果特效（图7-51）。

图7-50 导入素材5

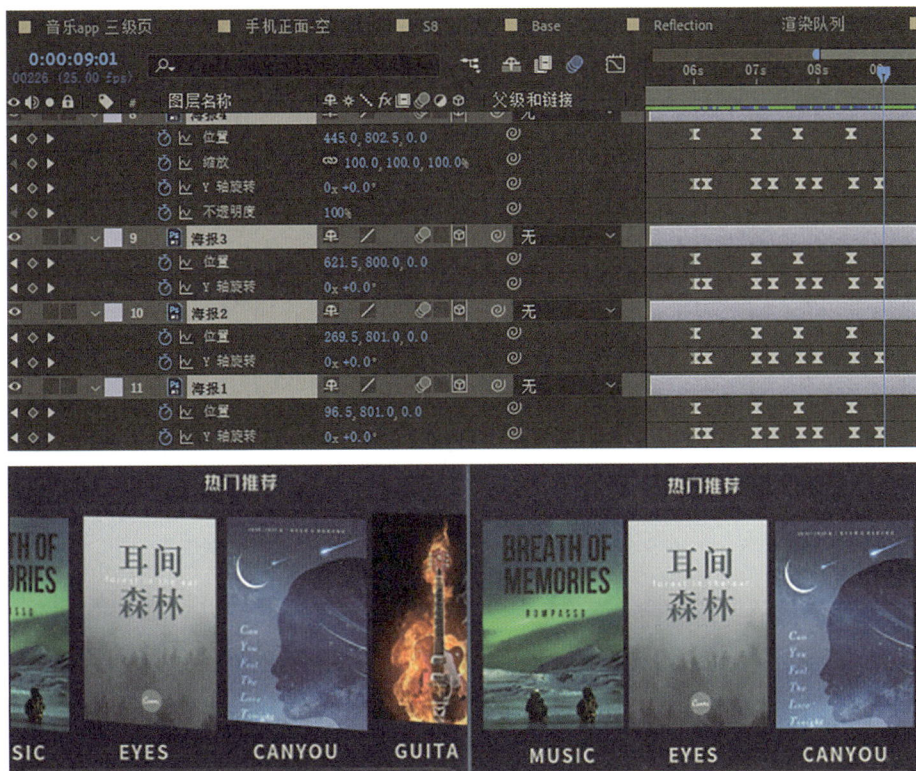

图7-51 专辑列表滑动

### （三）二级页弹窗动效

### 1. 弹窗面板

新建形状图层，按矩形工具绘制一个圆角矩形，设置白色填充和白色描边，重命名该层为"侧滑页–白",新建文本层并输入列表文字,再导入卡通头像素材,放置于合适位置(图7-52)。

### 2. 弹窗面板磨砂特效

按Ctrl+D再制"侧滑页–白",重命名为"侧滑页–磨砂",添加效果→模糊和锐化→快速方框模糊,并开启该层的"调整图层"属性,效果如图7-53所示,同时将"头像""侧滑页–磨砂"层绑定到"侧滑页–白"层,实现同步运动。

### 3. 弹窗面板文字滑动特效

选择文字层,为层添加位置属性,设置范围选择器的偏移值(图7-54),实现文字逐行进入的效果。

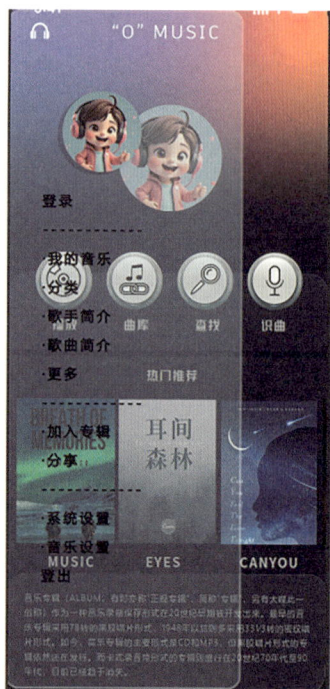

图7-52 弹窗面板

## (四)三级页动效

### 1. 新建合成

新建1920*1080、25帧/秒、25秒时长的合成(Ctrl+N)命名为"音乐App三级页"。

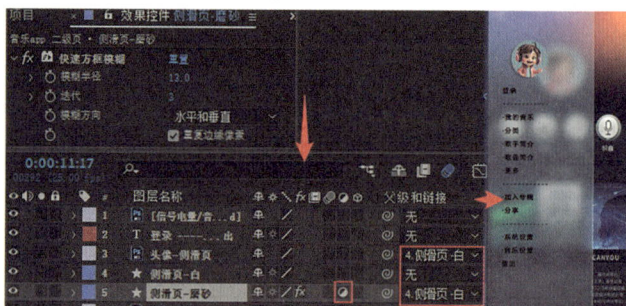

图7-53 弹窗面板磨砂特效

### 2. 导入素材

双击"音乐App二级页"合成,打开导入文件对话框,找到素材文件夹位置,选择"音乐App三级页.psd",单击"导入"按钮,在弹出的对话框中将导入种类改为"合成–保持

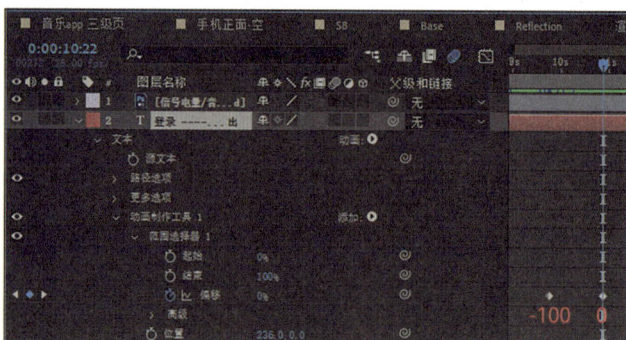

图7-54 弹窗面板文字滑动特效

图层大小"，其他按默认值单击确定，完成素材导入。将所有素材拖拽入时间线面板，在合成窗口通过位移、旋转、缩放等操作将素材摆放好（图7-55）。

### 3.专辑封面特效制作

（1）专辑封面转动：选中"海报4"层，按R键打开旋转属性，设置关键帧0.3～25秒处旋转360度模拟点击播放按钮后生成专辑封面旋转效果。

（2）专辑封面声波：新建纯色层，添加效果→生成→无线电波，设置参数（图7-56），实现声波特效，并调节"扩展"参数的关键帧动画，在Logo被点击时播放。

图7-55 导入素材6

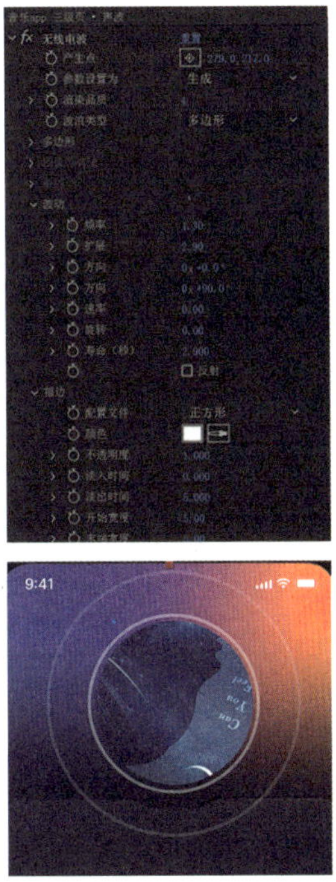

图7-56 专辑封面声波

### 4.歌词滚动特效制作

（1）歌词滚动：删除原有歌词层（该层属性为图片，无法实现动画效果）；选择文本工具，在歌词位置拖动鼠标，形成矩形文本框，输入歌词文本，调整合适的字号、行距、色彩等。选中矩形工具，在保证选中该层的前提下绘制一个等大的矩形蒙版，按F键打开蒙版羽化，设置值为"36"实现文本边缘羽化过渡；为文本层添加"位置"属性，设置0～25秒、字幕由下至上的滚动效果。

（2）歌词变色：再次为该层添加→填充颜色→色相属性，调整偏移参数0～25秒的关键帧数值，导入"Kelly…·.mp3"歌曲到时间线中，对应歌曲速率，实现对照演唱进度变色的效果（图7-57）。

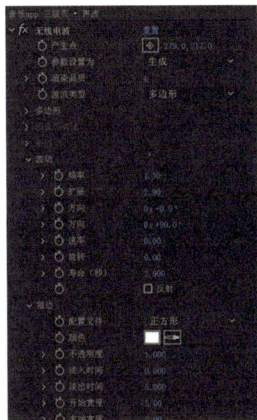

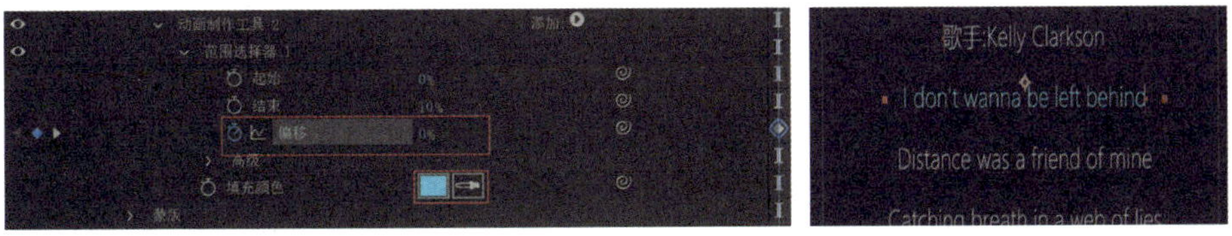

图7-57 歌词变色

### 5. 播放按钮动效制作

（1）播放按钮点击动效：选中"播放按钮-播"层，按S键打开缩放属性，设置0~0.5秒处按钮大小的弹性变化，模拟按钮被按下的视觉动效。

（2）播放按钮变色动效：选中"播放按钮-播"层，添加效果→颜色校正→更改颜色，设置参数，设置0~0.5秒处按钮由黑色变成橙色的效果，模拟按钮被按下变色的视觉动效（图7-58）。

图7-58 播放按钮变色动效

### （五）手机合成页动效

### 1. 新建合成

新建1920*1080、25帧/秒、40秒时长的合成（Ctrl+N），命名为"手机合成页"，将首页、二级页、三级页均拖入此合成中（图7-59）。

图7-59 新建合成2

### 2. 导入并修改素材

打开导入文件对话框，找到素材文件夹位置，选择"手机正面-空.psd"，单击"导入"按钮，完成素材导入。将此合成拖拽入时间线面板，在合成窗口通过位移、旋转、缩放等操作将素材摆放好，修改该合成的混合模式为"相加"，实现手机效果仿真（图7-60）。

图7-60 手机效果仿真

### （六）落版动效

#### 1. 整合合成

双击打开"音乐App首页"合成，将手机合成页拖拽入此合成中。选中"手机合成页"将其修改为3D图层属性。

#### 2. 手机三维化及屏幕扫光

选中"手机合成页"，设置该层的位移和旋转属性，让该手机效果实现31～32秒处以立体化形式侧滑至画面右侧效果，添加效果→生成→CC Light Sweep，设置31～32秒处扫光质感（图7-61）。

#### 3. 落版字幕与音频频谱效果

新建文本层，输入"OMUSIC 的广告Slogan"，设置位移属性关键帧和透明度关键帧，实现向上位移过程中的逐渐显现效果。

新建固态层，添加效果→生成→音频频谱，设置参数（该效果需要时间线轨道中有音频文件层，如果没有，请把Kelly…·mp3导入后隐藏即可），实现音频频谱随音乐律动的效果（图7-62）。

图7-61 手机三维化及屏幕扫光

图7-62 音频频谱

#### 4. "O" MUSIC音乐App代言卡通形象动效

（1）AI生成：此动效由AI设计生成，在此可以选择"可灵"平台，将卡通形象用Photoshop处理成绿色背景（便于使用After Effects做键控抠像），打开可灵平台选择AI视频功能，选择"图生视频"，在图片及创意描述添加图片，在图片创意描述键入"小孩摇头晃脑随音乐律动"点击"生成"，等待五分钟左右，即可生成视频动态，另存即可（图7-63）。

图7-63 代言卡通形象动效

（2）视频合成：选择生成的视频并导入合成中，添加效果→Keying→KeyLight，设置参数，完成抠像处理（图7-64）。

图7-64　视频合成

### 5. 点击特效

利用声波特效，作为点击特效，复制多份后放置于对应点击位置即可，最后生成成片效果（图7-65）。

图7-65　"O" MUSIC音乐App动效成片效果

● 思考与练习

1.请列举并简要描述App动效的三种常见类型，并分析每种类型在提升用户体验方面的具体作用。

2.设计一个App登录界面的交互动效方案，包括用户输入用户名和密码时的动效反馈、提交按钮的点击效果，以及登录成功或失败后的提示动效。

3.选择一个具体的社会领域（如教育、医疗、环保等），设计一个具有独特性和艺术价值的App交互动效方案，该方案应能够有效提升该领域的信息传递效率或用户体验。

第八章

大屏数据
可视化动效
设计

## 教学目标

本章旨在使学生深刻理解信息可视化动效设计在数字化时代的重要性，特别是大屏数据可视化作为关键形式在提升用户体验和信息传递效率方面的显著作用。通过本章学习，学生将掌握信息可视化动效设计的基本原理、应用领域，以及After Effects等主流软件和其他专业数据可视化工具在大屏数据可视化和动态效果实践中的关键作用。

## 教学重点

1.理解信息可视化动效设计的基本原理及其在数字化时代的重要性。
2.掌握大屏数据可视化的应用领域，包括用户界面设计、广告营销等。
3.学会如何运用这些技术和工具来优化数据可视化的应用，提升用户体验。

## 推荐阅读

[1]王念新，尹隽. 数据可视化[M]. 北京：清华大学出版社，2023.
[2]纳迪赫·布雷默，吴雪莉. 数据可视化创意手记[M]. 马倩，译. 北京：电子工业出版社，2023.

## 教学实践

本章教学实践环节将围绕大屏数据可视化动效设计的理论学习与实践操作展开。学生将使用After Effects等主流软件和其他专业数据可视化工具，结合所学知识，分组设计并制作一个数据可视化大屏实例。

**本章知识要点：**

本章主要阐述了信息可视化动效设计在数字化时代的重要性，特别是大屏数据可视化作为关键形式，在提升用户体验和信息传递效率方面的显著作用。本章介绍了信息可视化动效设计的广泛应用领域，包括用户界面设计、广告营销等，并强调了After Effects等主流软件以及其他专业数据可视化工具在制作大屏数据可视化和实现动态效果中的关键作用。通过学习和实践，学生应能够理解和掌握如何运用这些技术和工具来优化数据可视化的应用，成为现实生活与数字世界的连接接口。

信息可视化动效设计在当前的数字化时代中扮演着至关重要的角色，它结合了视觉艺术与信息技术，将复杂的数据和信息以直观、生动的形式呈现给用户，极大地提升了用户体验和信息传递效率。信息可视化动效已广泛应用于多个领域，包括但不限于用户界面设计、广告营销、游戏开发、数据新闻报道、企业报表、智慧城市建设等。设计师可以通过动画、过渡、交互等多种技术手段来展现数据的魅力和价值，使数据可视化作品更加具有吸引力和感染力。

**扩展知识**

在日常生活应用中，无论是日常购物、健康管理，还是智慧城市的构建，信息可视化与大屏数据可视化都扮演着重要角色，它们作为视觉桥梁，将数据和信息以更为直观、生动的形式展现给用户，从而成为现实生活与数字世界的连接接口。After Effects是制作大屏数据可视化、实现动态效果及特效的主流软件，但在处理数据实时接口与数据图表生成方面，有更为专业的数据可视化工具，如Echarts、Tableau和SovitChart等。这些工具能够根据数据生成出色的动态图表，与After Effects配合使用，能够进一步优化数据可视化的应用与实践。

# 第一节　数据可视化设计基础

## 一、数据可视化的定义

数据可视化是指通过图形化手段，将数据以易于理解和直观的方式呈现给用户的过程。数据可视化将相对晦涩的数据通过可视的、交互的方式进行展示，从而形象、直观地表达数据蕴含的信息和规律，数据可视化的应用场景有很多，其中数据可视化大屏作为当前领域中应用最多的场景，具有效果炫酷、外观大气、信息展示全面等特点。

### 1. 大屏数据可视化

大屏数据可视化是以大屏为主要展示载体的数据可视化设计，也就是通过超大尺寸的LED屏幕来展示关键数据内容的一种形式（图8-1）。大屏容易在观感上给人留下震撼印象，便于营造某些独特氛围、带来仪式感。利用其面积大、可展示信息多的特点，通过关键信息大屏共享的方式可方便团队讨论和决策，所以大屏也常用来做数据分析监测使用。

图8-1　大屏数据可视化

### 2. After Effects在大屏数据可视化中的应用

After Effects在构建大屏数据可视化方面展现出了非凡的价值，其卓越的动画与视觉特效处理能力，使之成为打造动感十足、引人入胜的数据可视化大屏的得力助手。After Effects不仅配备了诸如渐变、缩放、移动等一系列丰富多样的动画效果与过渡方式，还能够巧妙地将这些效果融入数据图表、文字阐述等元素中，从而使数据的变化跃然屏上，变得更为生动且直观。

更进一步的是，After Effects凭借其插件与脚本技术的灵活性，为用户与大屏之间搭建起了互动的桥梁。无论是点击特定区域以展示详尽数据，还是通过滑动动作来切换不同的数据视图，After Effects都能轻松实现，进而极大地提升了用户的参与热情与体验感受。此外，After Effects还擅长设计动态的数据反馈机制。当数据发生变动时，After Effects能够通过动画或色彩变化等直观方式，及时向用户传递反馈信息，确保用户能够迅速捕捉到数据的最新动态。

After Effects凭借其在大屏数据可视化领域的广泛应用与强大功能，不仅让数据呈现变得生动有趣，更通过丰富的交互与反馈机制，为用户带来了前所未有的沉浸式体验。

## 二、数据可视化动效设计的分类

### 1. 主视觉动效

主视觉动效是数据可视化中不可或缺的一部分，它涵盖了多个方面，旨在全方位、多角度地展示数据。

（1）摄像机动画：在大型屏幕的主视觉动画中，摄像机动画扮演着至关重要的角色。它通过主场景入场动画和视角切换动画，能够全面展示数据内容，增强大屏的沉浸感和动画的连贯性。然而，为了提升用户体验，必须精确控制摄像机视角转换的速度和节奏，以防止用户感到眩晕或数据展示不充分（图8-2）。

（2）场景动画：场景动画以城市场景为例，通过模拟建筑物的生长、城市板块

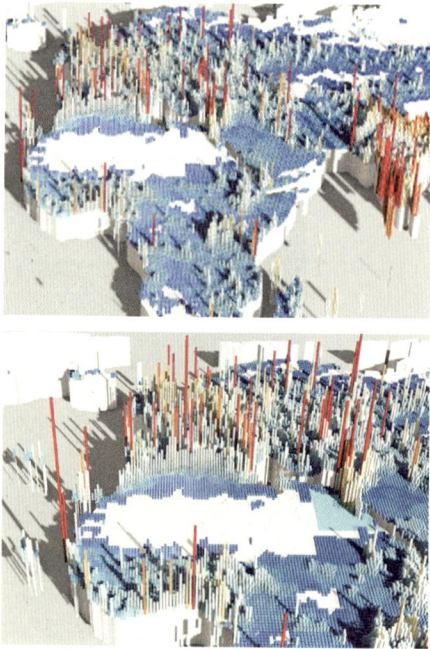

图8-2 摄像机动画

的抬升、道路交通的流光效果以及水域的波动等，搭配摄像机动画，进一步增强了视觉的沉浸感和临场感（图8-3）。

图8-3 场景动画

（3）背景动画：背景动画在可视化设计中起到衬托主体、丰富画面的作用。常见的背景动画包括粒子动画、波浪变形动画、颜色渐变动画、纹理变形动画以及几何图形动画等。这些动画效果在After Effects中常通过Trapcode Particular和Stardust等粒子插件来制作（图8-4）。

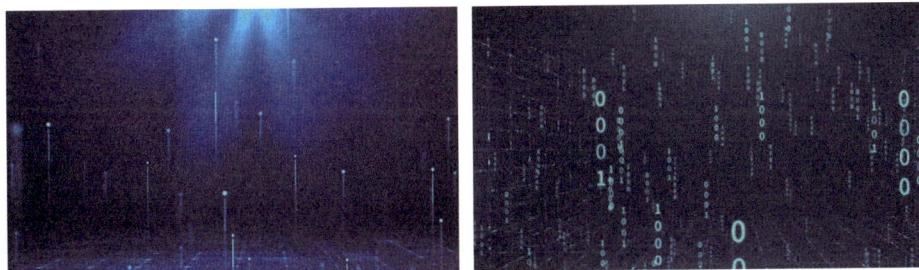

图8-4 背景动画

（4）灯光动画：灯光动画主要体现在光效层面，能够营造出强烈的科技感、穿梭感以及空间感。在After Effects中，Optical Flares、Saber等插件常被用来制作大屏可视化设计的灯光特效，从而增强整体的视觉效果（图8-5）。

图8-5 灯光动画

## 2. 设计组件动效

设计组件动效是数据可视化中不可或缺的一部分，它包括标题动效、图表动效、图标按钮动效、其他特殊组件动效等，主要作用是美化各个部分，形成整体的动态质感。

（1）标题动效：包括渐变、位移、缩放、旋转以及闪烁等。这些动效既可以单独使用，也可以组合运用，以创造出层次分明、视觉冲击力强的标题动画。在制作过程中，设计师应严格把控每个动画元素的出现时机，确保动效的流畅与和谐。

（2）图表动效：图表是数据展示的重要形式，也是最为直观的信息传达方式。常用的图表动效有线形图、面积图、柱状图、直方图、条形图、气泡图、散点图、雷达图、漏斗图、饼图、环形图、水波图、仪表盘、热点图、树状图等。这些动效不仅增强了图表的视觉吸引力，还使数据展示更加生动直观（图8-6）。

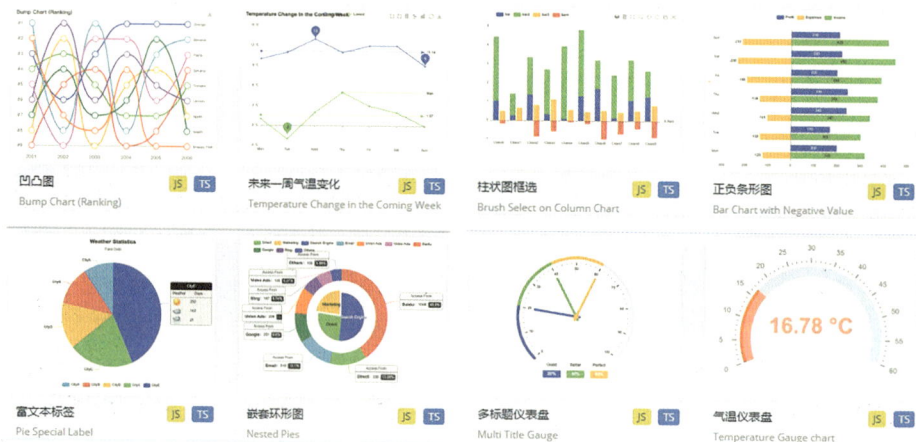

图8-6　图表动效

（3）图标按钮动效：常见的图标按钮可以分为：图标、按钮、图标+按钮三大类，包括：区域/页面切换、提示反馈、状态变化、引导、数据更新五种类型（图8-7）。

（4）其他特殊组件动效：特殊组件主要包括下拉菜单动效、弹窗动效、地图飞线动效、扩散波、数字滚动动效。良好的动效设计不仅能提升组件的实用性，还为用户带来了更加丰富的视觉享受（图8-8）。

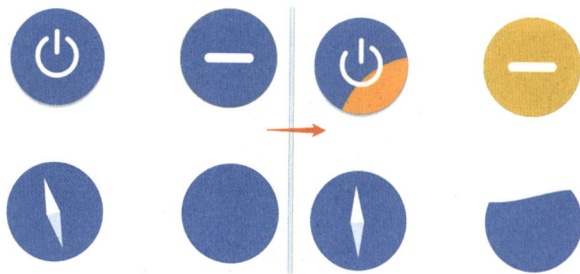

图8-7　图标按钮动效

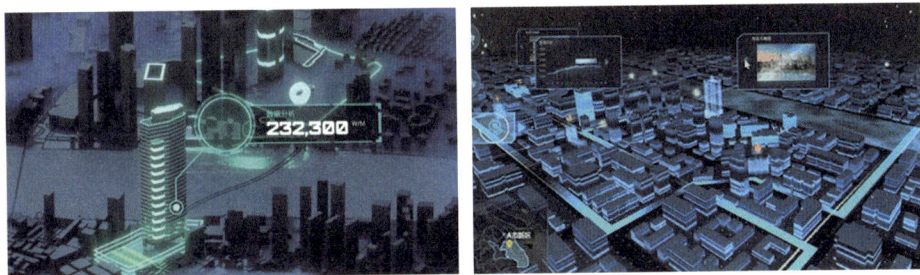

图8-8 其他特殊组件动效

## 三、数据可视化动效设计的价值体现

### 1. 提升用户体验

数据可视化动效设计能有效缓解用户观看大量数据时的混乱度，用视觉引导方式逐步分层展示复杂数据。同时，动态视效还能为界面增添生动与趣味。适度的动态元素能够减轻用户的视觉疲劳，提升长时间观看的舒适度。流畅的动画转场，如淡入淡出效果，使页面过渡更加自然顺畅，增强了整体体验。

### 2. 增强信息传达

数据可视化动效设计能够引导用户注意力，突出关键信息，如警告提示。通过动态展示数据变化趋势，如实时温度变化曲线，能够帮助用户更直观地理解数据。此外，动效还能揭示复杂的数据关系，如知识图谱中的实体与关系网络（图8-9）。

### 3. 改善交互体验

动效为用户提供即时的视觉反馈，如鼠标悬停和点击效果。它还能暗示可交互元素，提高界面的可用性，并通过有效的交互引导降低用户的学习成本，使操作更加便捷。

图8-9 增强信息传达

### 4. 强化品牌形象

独特的数据可视化动效设计能够展现品牌特色，给用户留下深刻印象。它增强了品牌的记忆点，促进了用户对产品及品牌的深度认同与信赖。例如，Google的Logo演变和Apple的Face ID动画都是品牌动效设计的典范（图8-10）。

图8-10 强化品牌形象

### 5. 辅助数据分析

数据可视化动效设计能够动态展示数据变化过程，便于用户分析趋势。通过突出异常或重要数据，动效使用户能够快速聚焦关键信息，辅助决策。同时，动态呈现数据关联性有助于发现潜在规律（图8-11）。

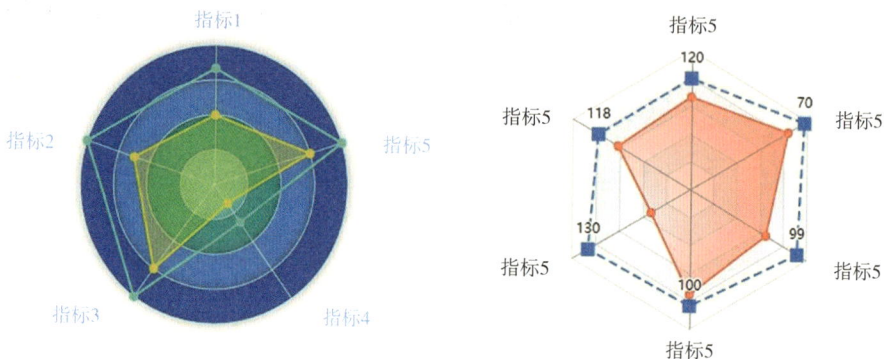

图8-11 辅助数据分析

### 6. 提高信息密度

在有限的空间内，数据可视化动效设计能够展示更多信息。例如，通过跑马灯效果展示表格数据，或通过动态切换实现多维度数据的轮换展示，如Tab页面轮播图。

### 7. 增强沉浸感

数据可视化动效设计能够营造出数据可视化的"生态系统"感，如模拟城市大屏中的日出日落和天气变化，提高了用户对数据展示的投入度和参与感，通过不同层级的进入和退出动画帮助用户理解数据的层次结构。

### 8. 提升大屏的现场感和即时性

数据可视化动效设计能够突出数据的实时性，如数字孪生中社区大屏的实时数据更新，增强了大屏在监控、指挥等场景中的现场感，特别是通过三维场景中的视角切换打破二维静态场景的单一性。

### 9. 营造氛围和情感共鸣

数据可视化动效设计通过不同的动态效果和色彩搭配营造出特定的氛围和情调，与观众产生共鸣并增强情感传达的效果。将品牌的标志性颜色、图案或符号融入动效设计中，能够进一步强化品牌氛围。

★注：动效设计虽然能够帮助可视化大屏设计提升价值属性，但在应用动效设计时也需要注意适度原则，避免过度使用影响数据的清晰展示和系统性能。合理的动效设计能够在提升用户体验的同时，更有效地达成数据可视化的目标。

## 四、大屏数据可视化设计流程

数据化大屏是搭建在数据与人之间的桥梁，通过利用图表、图形、地图等可视化视觉元素，把抽象的、不太好理解的数据变成人们容易理解的形式，让数据变得更加直观、具象化，方便人们更快、更好地从中获取更多以前没有可视化时难以发现的信息。根据原型设计和数据采集处理的结果可以发现，进行可视化设计包括选择合适的可视化组件和样式以及实现交互效果和动画效果等。

大屏数据可视化设计流程可分为以下九个步骤：

明确需求：明确要求是最重要的一步，设计者需要与客户进行充分的沟通，明确他们需要展示的数据和需求。

确定尺寸：根据大屏的物理尺寸和参数，确定设计稿的尺寸，确保设计出来的数据内容能够在大屏上获得最佳的视觉体验。

确定指标：为了使数据更加显眼，通常会将特别的数据独占一块区域，这个区域的数据就是关键指标。通过对关键指标的理解，可以更好地理解大屏的内容。

页面布局：根据大屏的尺寸和关键指标的数量，对大屏进行页面的划分，使数据展示更加清晰，在布局过程中，要注意保持页面的平衡和美感，避免过于拥挤或空旷的情况出现。

选择图表：根据需要展示的数据类型和特点，选择合适的图表类型，以便更好地呈现数据。

风格配色：根据行业类型、指标数据和客户需求等因素，设计出符合整体风格的大屏，并选择合适的配色方案。配色上为了更好地聚焦，数据可以采用亮色，有一定的对比关系，显示会更加清晰，避免使用低对比度和低效的渐变。一般选择6：3：1的配色原则，主色60%、辅助色30%、对比色10%。

动效设置：使用带动态效果的一些组件或装饰图，使大屏看起来更加高级和酷炫。

检查调整：完成设计后，设计者要对大屏的细节进行检查调整，确保数据展示准确、布局合理、颜色搭配和谐等。

定稿提交：如果检查无误，就可以提交定稿的大屏设计稿，提交时，可以提供多种格式和版本的大屏设计稿，以便客户在不同设备和场景下进行使用和展示。同时，也可以提供详细的设计说明和使用指南，帮助客户更好地理解和使用大屏设计。

# 第二节 "智能全球金融动态"数据可视化大屏实例

## 一、数据大屏界面设计

数据大屏界面设计是一个综合性的过程，旨在通过图形化手段清晰有效地传达信息与沟通要求。本案例为"智能全球金融动态"数据大屏设计，按照数据可视化的原则设计大屏布局和整体动态UI。

### 1. 平面设计构思

（1）布局规划：大屏比例为16：9，按照设计构思，设计分三个栏目，分别为标题栏、总览栏、数据图表栏，将全球经济热点、金融增值、数据蜘蛛图及世界收益等关键信息有序分布，确保信息一目了然（图8-12）。

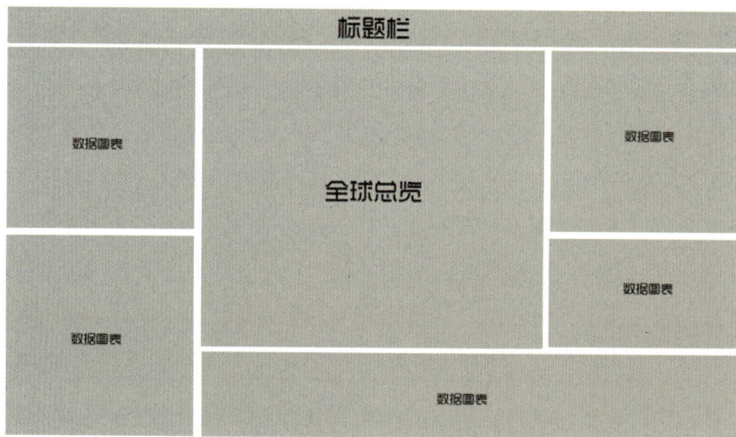

图8-12 数据大屏界面布局规划

（2）文字布局：标题栏为"智能全球金融动态监测可视化数据"文字内容，左右两侧分别是年月日、时间信息，每个栏目上端布局标题文字，为用户监控实时数据提供便利。

（3）色彩风格：深蓝色主色调搭配亮色点缀，营造出科技感与现代感并存的视觉效果，提升整体美观度，凸显了产品的先进性与未来属性。

（4）图标设计：图标采用圆角矩形作为主要外形，配合浅色渐变，既有立体感又简洁明了，科技感十足（图8-13）。

图8-13　数据大屏界面设计

其中，数据图表图形设计共分为五个区域（图8-14），分别为：

全球经济热点正态热图：采用地球仪图标，通过颜色深浅或大小变化直观展示不同国家或地区的经济热点强度，中心高亮显示当前最热区域。

金融增值区域：设计简洁的上升箭头与货币符号结合的图标，箭头方向及长度代表增值趋势与幅度，直观传达金融增值信息。

数据蜘蛛图：采用蜘蛛网或雷达图样式的图标，象征多维度数据的全面覆盖与对比分析。

世界收益：利用世界地图图标，通过颜色区分各国收益情况，如绿色代表增长，红色代表下降，直观展示全球收益分布。

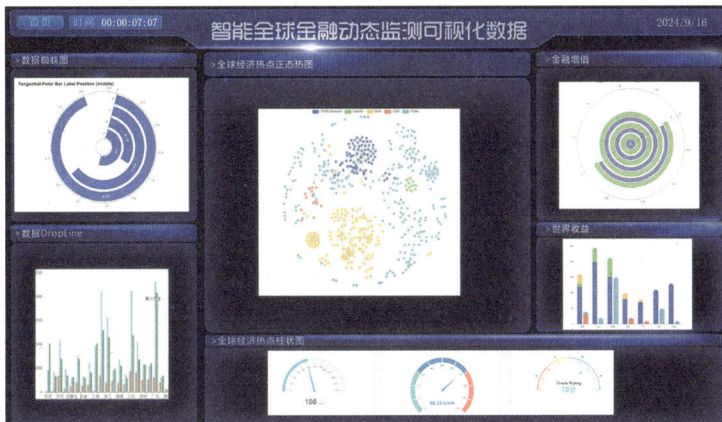

图8-14　数据大屏图表图形设计

全球经济热点柱状图：针对全球经济热点设计柱状图与地球仪结合的图标，既保留柱状图的直观对比性，又融入全球视角。

### 2.动效设计构思

（1）全球经济热点：采用地球仪图标，通过颜色深浅或大小变化直观展示不同国家或地区的经济热点强度，循环旋转展现全球各地，地球仪上蓝色点和红色点不停闪烁表现热点变化，左侧添加四个数据窗口，显示变化的数据（图8-15）。

（2）数据图表：数据图表选择五种不同的图表类型，分别为3D柱状图表、圆环图表、饼状图表、雷达图表、仪表图表，每个图表的动画演示方式采用图标逐步增长和数值变化的动画演示形式（图8-16）。

（3）背景动画：背景以深蓝色为主，为了显示空间感，添加星空效果，在不影响前景图层视觉前提下，既有动态感又有不错的空间感。

（4）最终成品效果图（图8-17）。

图8-15 地球仪图标

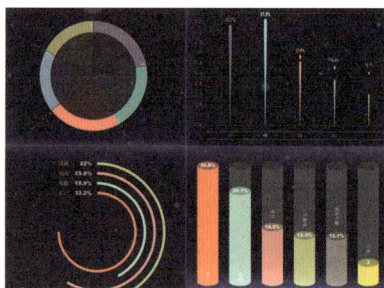

图8-16 数据图表类型

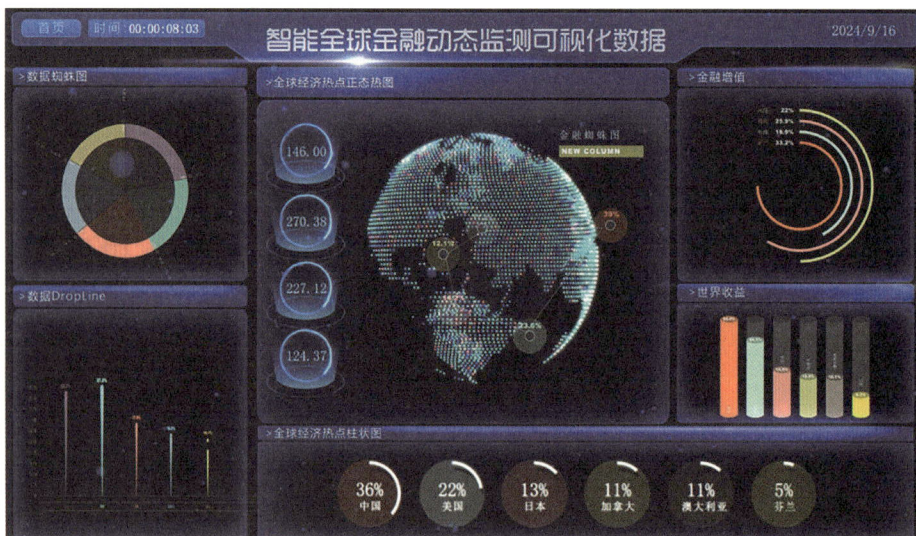

图8-17 成品效果图

## 二、"智能全球金融动态"大屏制作流程

### 1.新建项目

选择菜单文件→新建→新建项目（Ctrl+Alt+N），新建1920*1080、25帧/秒、10秒时长的合成（Ctrl+N）。

### 2.绘制UI界面

（1）标题界面：新建形状图层，重命名为"数据窗口-主"，选择矩形工具，绘制长条形矩形，描边1，右键转换为"贝塞尔曲线路径"配合钢笔工具、移动工具编辑造型，为该图形添加渐变填充属性，填充蓝色渐变，在此图层上继续绘制三个圆角矩形并填充渐变色，制作按钮效果（图8-18）。

图8-18 标题界面

（2）时间码和年月日信息：选中"数据窗口-主"图层，添加效果→文本→时间码，制作时间显示；新建黑色纯色层，重命名为"年月"，添加效果→文本→编号，调整参数；新建三个文本层，分别输入"首页、时间、智能全球金融动态监测可视化数据"，调整字体字号并放置于合适位置（图8-19）。

（3）主数据窗口：选中"数据窗口-主"图层，选择矩形工具，绘制长条形圆角矩形、描边1、填充蓝色，按此按钮▦，将矩形工具切换为"蒙版"方式，为数据窗口绘制蒙版，实现窗口中间镂空效果（图8-20）。

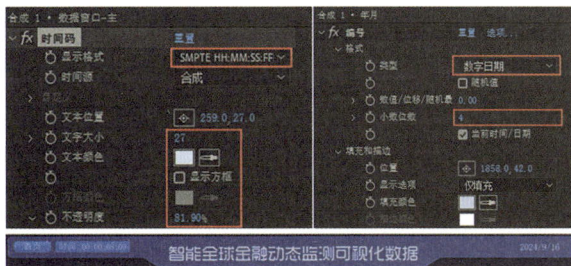

图8-19 时间码和年月日信息

（4）其他数据窗口：新建形状图层，重命名为"数据窗口-侧"选择矩形工具，绘制其他窗口并复制，新建文本层并输入对应文本（图8-21）。

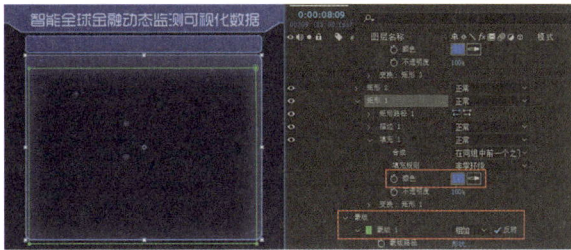

图8-20 主数据窗口

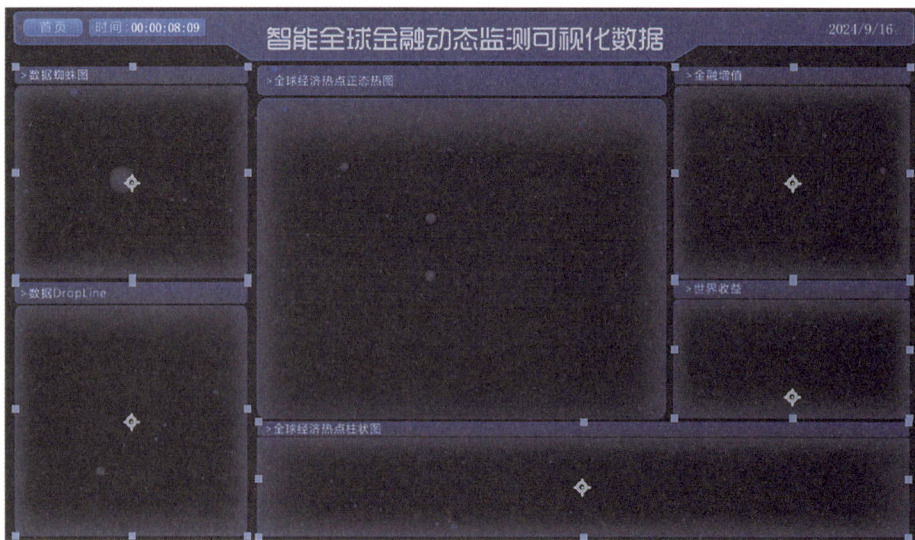

图8-21　其他数据窗口

### 3.制作转动地球效果

（1）地球制作：在项目面板中空白处双击鼠标左键，打开导入文件对话框，找到素材文件夹位置，选择"地球-t.png"，导入拖放至时间线面板并隐藏该层；新建纯色图层，重命名为"地球"，添加效果→RG Trapcode→ Form（插件），设置参数（图8-22）。

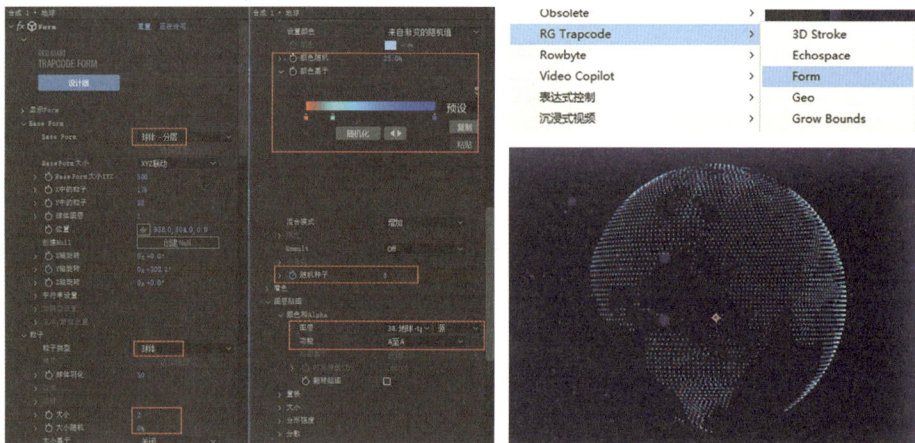

图8-22　地球制作

★注：该特效为插件，具体安装方法请参考插件安装的教学章节。

（2）地球旋转动画：创建地球后，制作地球旋转和地球颜色的随机变化，将时间线设置于0秒处，在"效果控件"面板中打开Base Form栏下"Y轴旋转"码表，再将时间线设置10秒处，修改参数为360度，实现地球旋转效果（图8-23）。

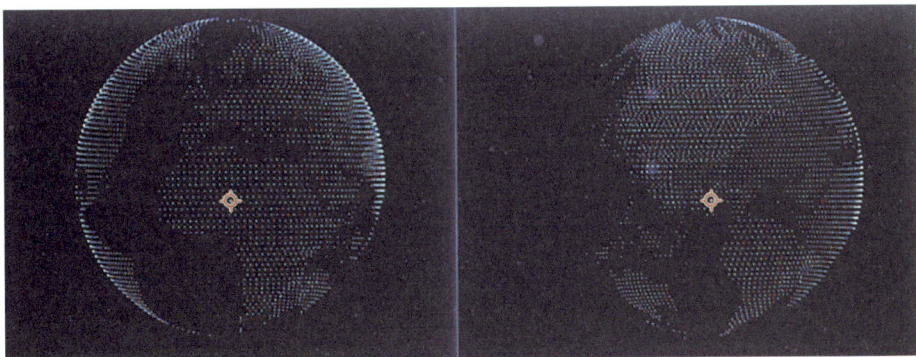

图8-23 地球旋转动画

（3）地球变色动画：设置"随机种子"0～10秒的参数为0和8，实现地球色彩的随机变化效果，调整参数（图8-24）。

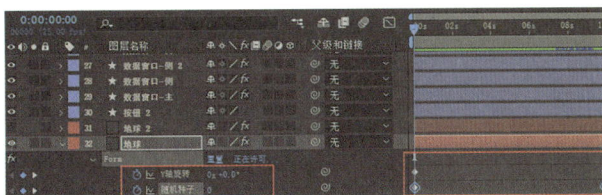

图8-24 地球变色动画

（4）地球发光效果：选中"地球"层，添加效果→风格化→发光，调整参数（图8-25）。

### 4. 地球数据图标

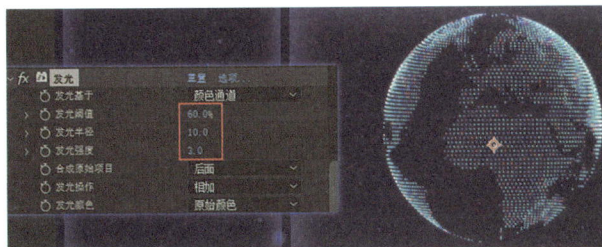

图8-25 地球发光效果

（1）发光底座：新建形状层，重命名为"发光底座"，选择椭圆工具，绘制几个同心圆，设置描边2、浅蓝色、不填充，再绘制一个同心圆，填充渐变色，将该层转换为3D图层，配合旋转工具旋转至透视角度，移动工具调节几个圆成透视效果；选择矩形工具，绘制矩形并填充蓝色到透明的渐变，配合钢笔工具，将底端调节成半圆曲线（图8-26）。

图8-26 发光底座

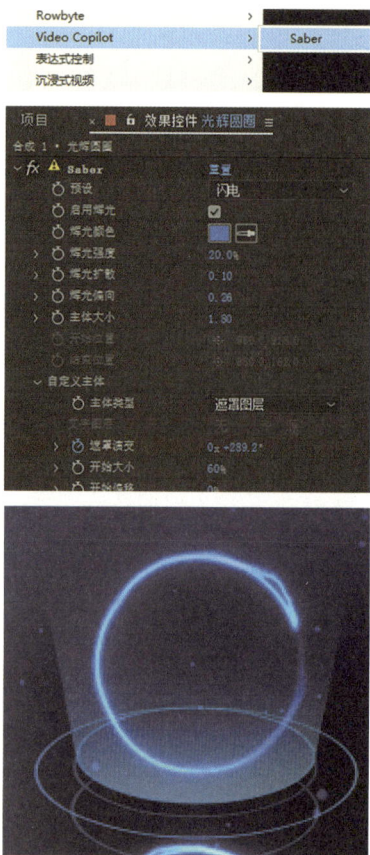

图8-27 旋转圆环效果

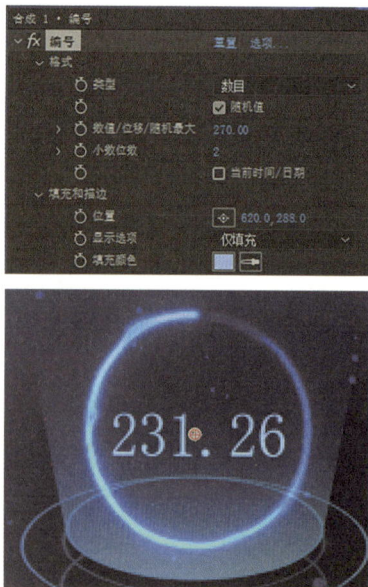

图8-28 旋转圆环数值

（2）旋转圆环效果：新建黑色纯色层，重命名为"光辉圆圈"，选择椭圆工具，为该层绘制圆形蒙版，添加效果→Video Copilot→Saber（插件），设置参数（图8-27），圆环的旋转动画调节0～10秒的"遮罩演变"值分别为0、720。

（3）旋转圆环数值：新建纯色层，重命名为"编号"，添加效果→文本→编号，设置参数（图8-28），实现文本随机变化效果。

### 5.动态图表制作

★注：此动态图表由"AE InfoGraphics 2"专业脚本生成，请按照教程完成安装和购买注册。

动画脚本安装完成后选择菜单窗口→扩展→AE InfoGraphics 2打开面板（图8-29）。

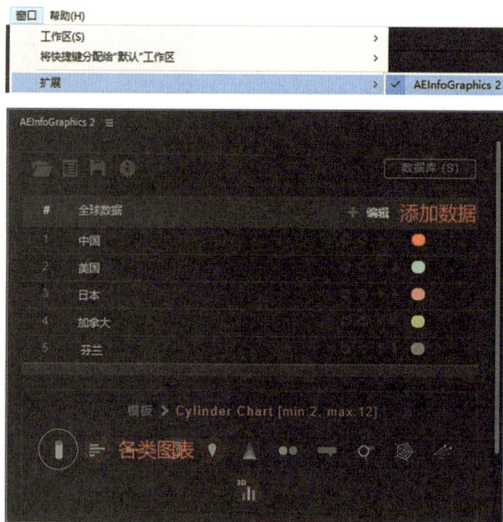

图8-29 AE InfoGraphics 2面板

（1）3D圆柱图表：在AE InfoGraphics 2面板设置5项参数（参数可自由定制，也可导入外部数据库CSV文件），选择"3D圆柱体模板" ███████→点击"设置&预览"按钮（在此可设置动画长度和合成长度）→点击主题按钮（可设置配色）→点击"立即创建"会生成该图表的合成，完成图标制作（图8-30）。

（2）3D圆柱图表合成导入总合成：点击"消隐"按钮，显示出所有层→点击"锁定"按钮，解除锁定的图层→全选所有层→按Ctrl+Shift+C预合成并命名为立柱数据→复制该层后粘贴至合成，完成该图表动态制作（图8-31）。

（3）其他图表：其他图表的制作方式类似"3D圆柱图表"的制作方式，可选择不同模板、数据、配色和动画方式后，以同样的方法创建出多个图表数据，并粘贴入总合成中，完成图表动态效果制作（图8-32）。

### 6. UI光斑效果

在项目面板中空白处双击鼠标左键，打开导入文件对话框，找到素材文件夹位置，选择"光斑.jpg"，导入并拖放至时间线面板；修改该层的混合模式为"相加"，设置合适的大小位置后，制作该层的位移动画，模拟光斑扫过的质感（图8-33）。

### 7. 背景星空效果

新建纯色层，重命名为"星空背景"，添加效果→模拟→CC Ball Action，设置参数（图8-34），并设置Rotation的关键帧，模拟星空飘动质感，完成全部制作。

图8-30 3D圆柱图表

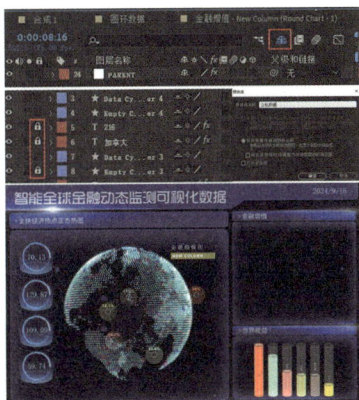

图8-31 3D圆柱图表合成导入总合成

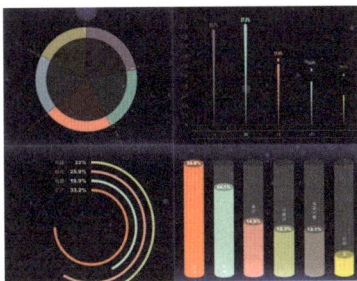

图8-32 其他图表

图8-33 UI光斑效果

图8-34 背景星空效果

## 8. 数据大屏最终效果（图8-35）

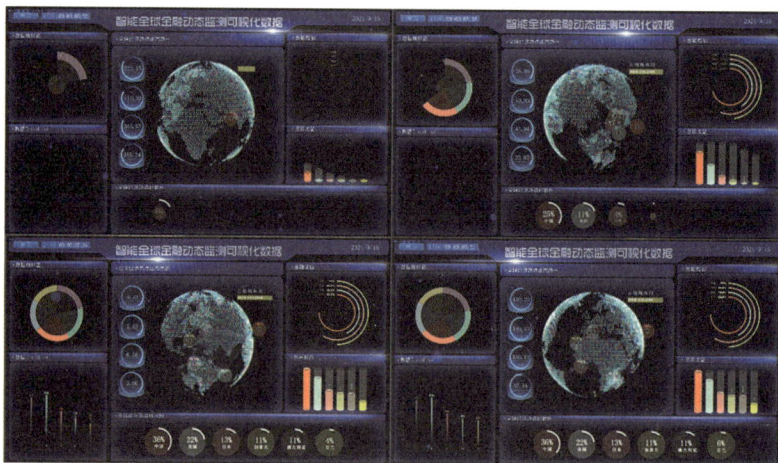

图8-35 数据大屏最终效果

---

● 思考与练习

1.请解释信息可视化动效设计在当前数字化时代中的重要性，列举至少三个应用领域，并说明其如何提升了用户体验和信息传递效率。

2.分析大屏数据可视化相比其他数据展示形式的优势，并讨论在设计和实施大屏数据可视化时可能面临的挑战及解决方案。

3.设想一个智慧城市的交通数据可视化项目，描述你将如何运用本章所学的知识要点和技术工具来设计一个大屏数据可视化方案，以直观展示城市交通流量、拥堵情况等数据，并提出至少两个创新点来提升用户体验和信息传递效率。

第九章

影视特效设计

## | 教学目标 |

本章旨在使学生深刻理解影视特效设计在影视行业中的重要地位，特别是摄影机捕捉与特效合成技术的核心作用。通过本章学习，学生将掌握摄影机跟踪、稳定与反求三项关键技术的基本原理和应用方法，能够运用这些技术实现实拍与数字化内容的实时结合，为影视作品创造极致的视觉体验。

## | 教学重点 |

1.理解影视特效设计的基本原理和前沿趋势，掌握特效与实拍素材融合的关键技术。

2.熟练掌握摄影机跟踪技术的原理和应用方法，确保特效合成的空间定位准确。

3.掌握摄影机稳定技术的操作方法，消除拍摄抖动，保证画面流畅。

4.深入理解摄影机反求技术的原理，实现数字化素材与实拍素材的无缝融合。

## | 推荐阅读 |

[1]张晓. 数字影视特效[M]. 武汉：华中科技大学出版社，2021.

[2]李伟. 影视特效镜头跟踪技术精粹[M]. 北京：人民邮电出版社，2010.

## | 教学实践 |

本章教学实践环节将围绕影视特效设计的理论学习与实践操作展开。通过"开天眼"特效实例、四点跟踪技术——替换屏幕实例、面部跟踪技术——角色美颜实例、摄影机反求技术——桌面飞船实例学习跟踪技术，学生将分析这些案例中的技术实现方法和创意构思，使用After Effects等影视特效制作软件，结合所学知识，分组完成一个影视特效设计项目。

## 本章知识要点：

　　本章主要探讨了影视行业中影片特效制作的精髓与前沿趋势，特别是在追求极致视觉体验的当下，特效与实拍素材的融合成为关键。重点介绍了摄影机捕捉与特效合成技术，该技术实现了实拍与数字化内容的实时结合，为观众带来超越幻想的视觉感受。从技术层面，本章聚焦于摄影机的跟踪、稳定与反求三项关键技术。摄影机跟踪技术确保特效合成的空间定位准确；摄影机稳定技术消除拍摄抖动，保证画面流畅；摄影机反求技术则实现数字化素材与实拍素材的无缝融合。通过实例分析，如"开天眼"特效、四点跟踪技术替换屏幕、面部跟踪技术角色美颜、摄影机反求技术桌面飞船等，展示了这些技术在实际应用中的强大效果。

　　本章致力于深入剖析影视行业内影片特效制作的精髓与前沿趋势。在当下这个追求极致视觉体验的时代，我们往往会在实拍素材上，巧妙地融入特效元素，旨在增强影片的视觉冲击力，或是将天马行空的创意与实拍画面完美融合，创造出令人难以置信的真实感。当实拍与数字化内容能够实现实时结合，甚至产生互动时，我们便踏入了MR（混合式虚拟仿真）的崭新领域，为观众带来了仿佛置身于元宇宙之中的数字化生活体验。从技术层面深入探讨，本章将聚焦于摄影机的跟踪、稳定与反求这三项关键技术。摄影机跟踪技术能够精确捕捉摄影机的运动轨迹，为后续的特效合成提供准确的空间定位信息；而摄影机稳定技术则能有效消除拍摄过程中的抖动与晃动，确保画面流畅自然。通过摄影机反求技术，我们能够获取摄影机的精确参数，从而实现将数字化素材以极高的精度与实拍素材无缝融合。通过综合运用这些技术，我们能够创造出接近真实、令人震撼的数字特效影片，为观众带来满意的视觉享受。

### 🎖 扩展知识

　　摄影机跟踪技术在电影工业中的应用是极为广泛的，它不仅是实现特效合成的核心技术之一，也是提升电影视觉效果、创造沉浸式体验的重要手段。通过精确匹配摄影机在拍摄过程中的运动轨迹和姿态变化，该技术能够确保计算机生成的特效元素无缝融入实拍画面中，从而增强观众的沉浸感和现实感。在电影制作前期，摄影机跟踪技术可用于创建虚拟预览，帮助导演和摄影师在实拍前预览特效镜头的效果，节省拍摄时间和成本，提高制作效率。在拍摄现场，通过结合实时渲染技术，还可以实现虚拟元素与实拍画面的实时合成，有助于导演和摄影师实时调整拍摄方案。随着计算机视觉和人工智能技术的不断发展，摄影机跟踪技术也在不断创新和完善，如深度学习算法的应用提高了跟踪的准确性。

# 第一节　影视特效设计基础

## 一、影视特效合成的常用技术

在电影特技的初期阶段，影视特效主要是靠物理特效来实现的，即用仿真的模型、实景结构或者真人化妆表演来模拟特效的成分，一些无法用物理模型手段实现的效果，会结合动画的制作手段补充；进入数字时代后，由于计算机生成图像技术（CGI）越来越真实便捷，且具有低成本和高安全的属性，所以逐步取代了传统的物理特效成为行业主流，目前主流的影视特效合成技术概括可有以下五种常见技法。

### 1. 绿幕技术

绿幕技术是影视特效制作中常用的手段之一，它通过在拍摄现场使用绿色背景，利用后期软件将绿色背景替换为虚拟场景，从而实现特效的合成。绿幕技术的优点在于其灵活性和经济性，使制作团队能够在有限的条件下创造出丰富的视觉效果。然而，绿幕技术也存在一些明显的局限性，例如在拍摄过程中，演员需要面对无实物的表演环境，这对其表演能力提出了较高的要求。此外，绿幕抠像过程中可能会出现溢色、边缘不平滑等问题，影响最终的视觉效果（图9-1）。

### 2. CGI技术

CGI技术是目前影视特效领域

图9-1　绿幕技术

图9-2 电影《阿凡达》CGI特效镜头

最常见和最重要的技术之一。它通过计算机生成虚拟图像并与实拍镜头进行混合，创造出逼真的特效场景。CGI可以用于创作奇幻世界、虚拟角色、爆炸和碰撞等各种特效效果（图9-2）。

### 3. 摄像机反求技术

摄像机反求技术是一种基于图像分析和计算机视觉技术的应用，其主要功能是识别和重建三维场景。该技术通过对拍摄到的图像数据进行处理和分析，推算出拍摄位置和姿态等参数，从而得到三维场景的结构信息。与传统的摄像技术不同，摄像机反求技术不依赖于预先建立的模型或者标记点，而是通过计算机算法实时分析图像中的特征点和纹理信息，实现对场景的精确重建。

### 4. 虚拟制作+LED显示屏

"LED巨幕+XR/VP（Virtual Production）虚拟拍摄"逐渐成为影视领域的焦点，它们也在改变制片流程以及成片的呈现形式：要提升沉浸感先从空间环境入手。虚拟制作进入大众视野的标志是2019年由卢卡斯影业（Lucasfilm）和工业光魔推出的大型虚拟制作项目《曼达洛人》，此后虚拟制作影棚便如春笋般涌现在世界各地。在LED虚拟拍摄系统中，LED显示屏是虚拟画面的载体，通过接收控制信号，呈现出精美的虚拟画面，摄像机负责捕捉实景画面，与虚拟背景进行合成，创造出令人惊叹的视觉效果，跟踪系统通过传感器精确感知摄像机的视角变化，确保虚拟背景与实景的完美融合。最后，渲染工作站实时处理摄像机拍摄到的画面，将虚拟背景合成到实时图像中，呈现出震撼的虚拟景观（图9-3）。

图9-3 虚拟制作+LED显示屏

### 5. AIGC生成式影像技术

AIGC生成式影像技术在影视特效中的应用日益广泛且深入，为影视制作带来了革命性的变化。AI技术日新月异，迭代更新速度很快，已经实现了影视行业全产业链覆盖。AI可以辅助剧本升级、生成布景、实现换脸换声或直接使用虚拟人代替真人演员，甚至可以直接生成影片。在后期制作阶段，AI可以辅助生成音频、特效等，可以说，AI在未来一定会对影视行业产生颠覆性变革（图9-4）。

图9-4 AIGC生成式影像技术

## 二、After Effects影视特效合成常用技术手段

### 1. 三维空间与摄像机跟踪

（1）三维空间：After Effects支持三维图层的创建与编辑，允许用户在二维平面上模拟出三维空间的效果。通过调整图层的Z轴位置、旋转和缩放属性，可以实现三维物体的摆放和动态效果，可制作简单三维数字化物体。

（2）摄像机跟踪：After Effects内置的三维摄像机跟踪器功能强大，能够自动分析视频中的运动信息，并生成跟踪点。用户可以根据这些跟踪点来创建摄像机动画或添加三维元素，使其与视频背景完美融合。这一技术在广告、电影和电视特效制作中非常常见，用于增强场景的真实感和视觉冲击力，也是影视特效目前最为成熟且使用最频繁的合成手段之一。

### 2. 特效插件Element 3D和Trapcode系列

（1）Element 3D：Element 3D是一款专业的三维模型与动画插件，允许用户直接在After Effects中导入和使用三维模型。Element 3D提供了丰富的材质和灯光选项，以及高级的动画控制功能，使三维元素的制作和集成变得简单快捷。它广泛应用于影视特效、广告、游戏预告等领域，这款插件的出现，让After Effects的三维功能得到质的提升，我们甚至可以像使用三维软件一样去创作专业三维软件才能够生成的数字化元素。

（2）Trapcode系列：Trapcode是由Red Giant公司开发的一系列After Effects插件，包括Trapcode Particular、Trapcode Shine等。Trapcode Particular是一款强大的3D粒子系统插件，能够创造出丰富多样的自然特效（如烟雾、火焰和闪光）以及有机和高科技风格的图形效果。Trapcode系列插件以其灵活的粒子控制、3D相机支持、多样化的发射器类型和高品质渲染等特点，深受影视特效制作人员的喜爱。

### 3. 抠像键控技术

抠像键控技术是一种在影视后期制作中常用的技术，用于从视频中去除背景并替换为其他背景或元素。在After Effects中，用户可以使用内置的Keylight效果或其他键控插件来实现高效键控和绿屏抠像。通过调整抠像参数（如Screen Gain、Screen Balance、Clip Black、Clip White等）以及使用精细调整边缘的工具（如Refine Edge工具），用户可以获得干净且自然的抠像效果。抠像键控技术在广告、电影和电视特效制作中发挥着重要作用，特别是在需要合成不同场景或元素的场景中。

# 第二节　After Effects 跟踪特效案例

## 一、一点跟踪技术——添加特效元素

在不同类型的影片特别是科幻类中，我们经常能看到演员面部、手部、身体等部位出现令人惊叹的数字化特效元素。例如，手部突然冒出的火球、缠绕的闪电、眼睛中放射出的激光或是背后缓缓浮现的神秘气场等，这些震撼人心的视觉效果，均是通过一点跟踪技术与特效元素的完美结合而实现的（图9-5）。

图9-5　数字化特效元素1

一点跟踪技术，简而言之，是一种能够精确追踪画面中特定点的运动轨迹，并将特效元素与之无缝融合的技术。在拍摄过程中，摄影师会在演员身上或特定道具上设置跟踪点，这些点将作为后期特效制作的参考基准。通过先进的计算机算法，特效团队能够准确地计算出这些点在每一帧画面中的位置和运动状态，从而确保特效元素与实拍画面的完美对齐。

这种技术的优势在于其高效性和经济性。相较于传统的物理特效，一点跟踪技术大大简化了特效制作流程，缩短了制作周期，同时降低了成本。它使特效团队能够在不破坏实拍画面的前提下，自由地添加、修改或删除特效元素，从而实现了更高的创作灵活性和更丰富的视觉效果（图9-6）。

图9-6 数字化特效元素2

## 二、一点跟踪技术——"开天眼"特效制作流程

### 1. 新建项目并导入素材

选择菜单文件→新建→新建项目，在项目面板中打开导入文件对话框，找到素材文件夹位置，选择"超级英雄——变身片段2.mp4""符文3.png"素材，单击"导入"按钮，并将素材拖拽入合成创建按钮。

### 2. 一点捕捉

新建一个"空1对象"层备用（用来存储捕捉数据），选中"超级英雄—变身片段2.mp4"层，在"跟踪器"面板点击"跟踪运动"选项，"跟踪类型"选择"变换"，将跟踪点放置于18秒处角色额头适当位置（选择一个不被遮挡的稳定的画面位置，捕捉成功率高），点击"向前分析"，开始一点捕捉计算18~24秒处画面。捕捉完成后，点击"编辑目标"将对象应用于："空1"对象层，点击"应用"（图9-7）。

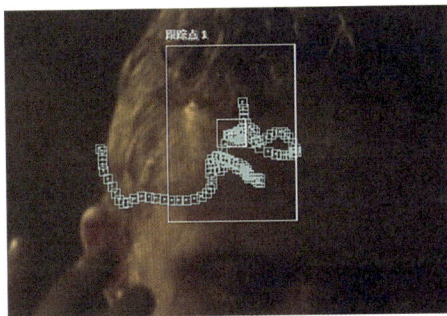

图9-7 一点捕捉

★注：每个跟踪点包含一个特性区域、一个搜索区域和一个附加点。一个跟踪点集就是一个跟踪器（图9-8）。

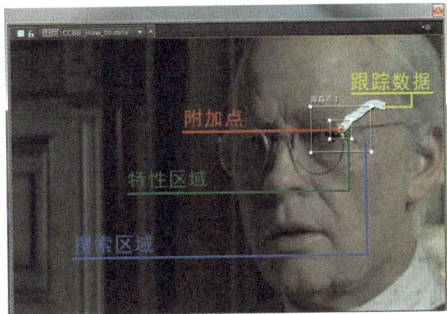

图9-8 跟踪区域解释

（1）附加点：附加点指定目标的附加位置（图层或效果控制点），以便与跟踪图层中的运动特性进行同步。

（2）特性区域：特性区域定义图层中要跟踪的元素。特性区域应当围绕一个与众不同的可视元素，最好是现实世界中的一个对象。不管光照、背景和角度如何变化，After Effects 在整个跟踪持续期间都必须能够清晰地识别被跟踪的特性。

（3）搜索区域：搜索区域是After Effects为查找跟踪特性而要搜索的区域。被跟踪特性只需要在搜索区域内与众不同，不需要在整个帧内与众不同。将搜索限制到较小的搜索区域可以节省搜索时间并使搜索过程更为轻松，但存在的风险是所跟踪的特性可能完全不在帧之间的搜索区域内。

### 3. 符文特效制作

（1）描绘符文：选中"符文3"层，按Ctrl+Shift+C预合成该层，并重命名为"符文 合成1"，双击进入该合成，选择钢笔工具，描绘该符文（图9-9）。

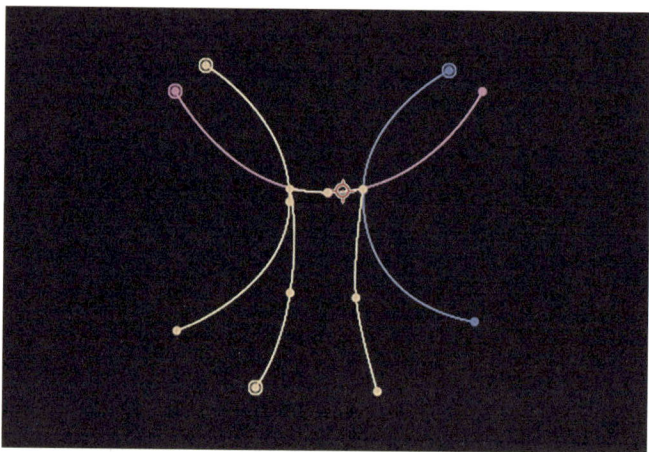

图9-9　描绘符文

（2）符文燃烧特效：添加效果→Video Copilot→Saber，参数设置，实现符文燃烧的效果（图9-10）。

### 4. 符文合成特效

（1）符文跟随：选中"符文合成1"层，调整好大小和位置位于角色额头处，设置该合成的混合模式为"颜色减淡"，

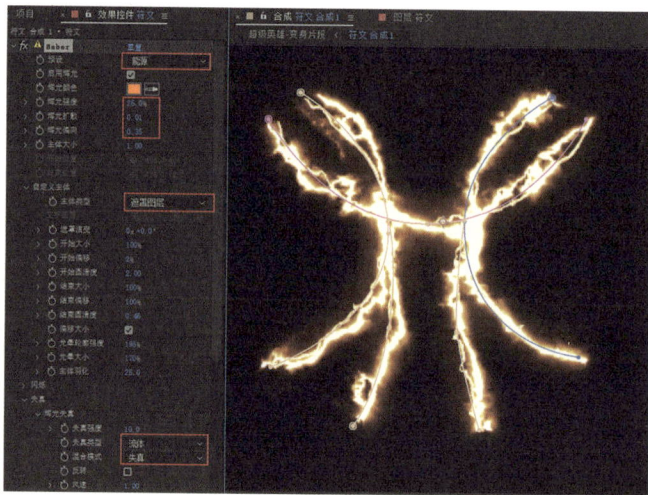

图9-10　符文燃烧特效

父级和链接选择"空1"层，让符文跟随头部运动（图9-11）。

（2）符文变换特效：选中"符文合成1"层，为其添加蒙版，并设置蒙版扩展的关键帧和透明度关键帧，实现符文在角色额头显示和闪烁的效果（图9-12）。

图9-11 符文跟随

图9-12 符文变换特效

（3）符文烟雾特效：导入"烟雾15.mp4"素材，放置于额头符文处，混合模式为"相乘"，配合钢笔工具绘制烟雾蒙版，保留合理的烟雾区域，父级和链接选择"空1"层，让烟雾也跟随头部运动，调整透明度关键帧，实现符文出现时的烟雾特效（图9-13）。

图9-13 符文烟雾特效

### 5. 音效制作

导入"闪电.mp3"音效素材，放置于轨道合适位置，完成特效影片制作（图9-14）。

图9-14 音效制作

### 三、四点跟踪技术——替换屏幕

在影视实拍的复杂环境中，电子设备的屏幕显示内容常常面临诸多挑战。拍摄时间的紧迫、拍摄设备的限制、显示内容的频繁更换，以及现场环境对屏幕的干扰等因素，都可能对最终的影片质量产生不利影响。为了克服这些难题，剧组通常会选择采用后期合成技术来替换屏幕显示内容。这种方法不仅能够极大地便利拍摄进程，还能显著提升影片的出品质量。以实践操作为例，我们采用了After Effects的专业后期制作软件自带的多点跟踪技术，通过精确捕捉手机屏幕在运动中的轨迹，实现了对屏幕内容的精准替换。这项技术能够自动适配新的屏幕素材，使替换后的屏幕内容与原始拍摄场景完美融合，从而达到令人满意的视觉效果（图9-15）。

图9-15　四点跟踪技术——替换屏幕

### 四、四点跟踪技术——替换屏幕制作流程

#### 1. 新建项目

选择菜单文件→新建→新建项目，新建1280*720、25帧/秒、9秒时长的合成（Ctrl+N）。

#### 2. 导入素材

在项目面板中打开导入文件对话框，找到素材文件夹位置，选择"手机绿屏.mov""手机录屏2.mp4""窗户反光.jpg"，单击"导入"按钮，并将素材拖拽入合成时间线。

#### 3. 跟踪屏幕

（1）选中"手机绿屏"层，在窗口菜单打开"跟踪器"面板，选择该面板中的"跟踪运动"选项，跟踪类型选择"透视边角定位"（图9-16）。

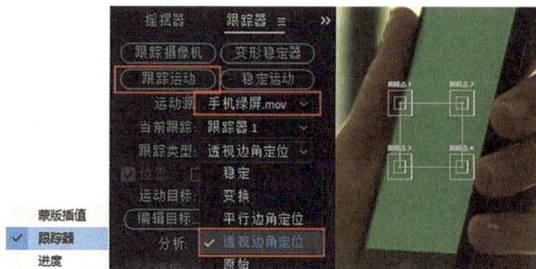

图9-16　跟踪屏幕

（2）保持时间线0秒位置，打开合成窗口，在该窗口调节四个跟踪点位置，将附加点和特性区域对齐到屏幕四角，并适当扩大搜索区域（搜索区域越大，跟踪越准确，但计算时间越长，要平衡使用），调节好后，点击跟踪面板的"向前分析"按钮，等待跟踪计算完成（在计算过程中，注意观察是否有跟踪失败现象，如错误则要重新调节跟踪区域并重新跟踪计算，直到正确完成跟踪）（图9-17）。

### 4. 替换屏幕

跟踪完成后，在"跟踪器"面板，选择该面板中的"编辑目标"选项，弹出面板中将目标应用于"手机录屏2.MP4"层并点击"应用"按钮（手机录屏层必须已导入时间线面板内），完成屏幕替换（图9-18）。

图9-17 跟踪计算

### 5. 替换屏幕效果制作

完成替换后，屏幕边缘还有略微的瑕疵需要修正，须添加立体效果和屏幕对环境的反光质感以增加真实性。

（1）屏幕立体感：选中"手机录屏2"层，添加效果→透视→斜面Alpha，调节立体角度为120度，模拟屏幕凹陷的立体感（图9-19）。

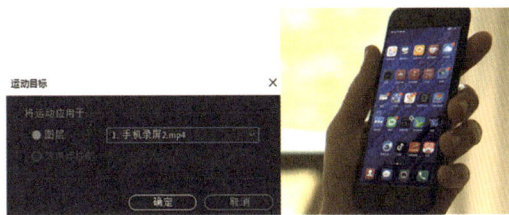

图9-18 替换屏幕

（2）屏幕反光：选中"手机录屏2"层，添加效果→通道→计算，调节第二图层为窗户反光素材（"窗户反光"层必须已导入时间线面板内，且关闭显示），模拟屏幕对环境的反光效果（图9-20）。

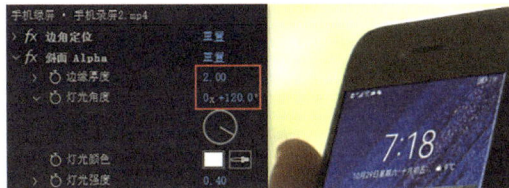

图9-19 屏幕立体感

图9-20 屏幕反光

### 6. 手指遮挡修复

此时观察合成效果，手机边缘会被手指遮挡，复制"手机绿屏"层，重命名为

"手指遮罩"，将该层放置于"手机录屏2"层之上，用钢笔工具绘制手指边缘，打开蒙版路径的码表，0~5秒处手工调节节点位置，保持蒙版一直覆盖手指部分，完成局部遮挡修复（图9-21）。

图9-21 手指遮挡修复

### 7. 完成效果

确认效果后，完成手机替换屏幕效果的合成输出（图9-22）。

图9-22 四点跟踪替换效果

# 第三节 After Effects 面部跟踪特效案例

## 一、面部跟踪技术——角色美颜

在影片制作中，由于各种原因需要将拍摄的替身演员面部修饰甚至替换，所以后期特效要求应运而生，它涉及面部识别、跟踪、调整、替换及融合等多个步骤，可以在After Effects中配合面部追踪和素材替换实现较为自然和逼真的角色美颜特效（图9-23）。

## 二、角色美颜制作流程

### 1. 新建项目并导入素材

图9-23 面部跟踪技术——角色美颜

选择菜单文件→新建→新建项目，在项目面板中打开导入文件对话框，找到素材文件夹位置，选择"大棚采摘.mp4"素材，单击"导入"按钮，并将素材拖拽入合成创建按钮，打开合成设置，设置合成为15秒长度。

## 2. 面部捕捉

选中"大棚采摘.mp4"层，再制一份并重命名为"脸部捕捉"，选择椭圆工具，绘制脸部范围蒙版，在"跟踪器"面板就可以看到脸部捕捉选项（此选项只有在绘制蒙版后才会出现，注意操作步骤）。在"方法"选项中选择"脸部跟踪——详细五官"（此选项会详细捕捉面部五官细节，可细致调节角色五官表情），按"向前分析"按钮等待捕捉计算完成（图9-24）。

图9-24 脸部跟踪——详细五官

## 3. 面部美白

选中"脸部捕捉"层，添加效果→色彩校正→Lumetri颜色，展开色轮选项，调节色彩增加蓝色色调（去黄），并适度调节增加亮度，实现美白效果；添加效果→模糊和锐化→锐化，调节锐化量为13，适度增加画面清晰度（图9-25）。

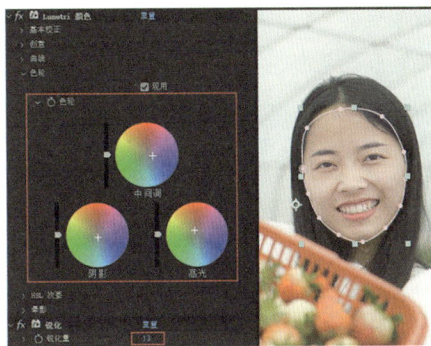

图9-25 面部美白

## 4. 面部瘦脸、大眼

新建调整图层，重命名为"瘦脸"，添加效果→扭曲→液化，为保证液化变形中心和人物脸部运动一致，在时间线面板打开"液化"的"扭曲网格位移"选项，按住Alt键后打开码表按钮，此时会激活该属性的脚本，拖拽脚本后面的"属性关联器"按钮，将其链接至"脸部捕捉"的效果"鼻梁"参数，可实现变形网格中心与"鼻梁"一致联动（图9-26）。

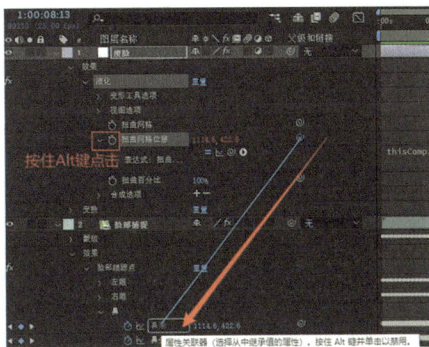

图9-26 一致联动设置

调整"液化"效果，利用各类液化工具将模特脸部细节调节至瘦脸状态，实现瘦脸效果，再配合"突出"工具，适度放大眼睛，实现大眼效果（图9-27）。

图9-27 "液化"瘦脸效果

# 第四节 摄影机反求特效高级案例

## 一、摄影机反求跟踪技术——桌面飞船

摄像机反求技术是一种先进的图像处理技术，它深入剖析捕获的图像数据，精确估算拍摄时的摄像机位置、姿态及其他重要参数，从而全面揭示出三维场景的复杂结构细节。这一技术不仅极大地提升了我们对场景的理解能力，还使三维物体能够毫无痕迹地融入由精密算法构建的虚拟摄像机场景中。通过这一技术，实际拍摄画面与三维数字虚拟场景实现了完美融合，为观众带来了震撼的视觉效果，这种融合效果与当下流行的AR技术有异曲同工之妙，为影视制作、游戏开发等领域开辟了全新的创意空间。本案例将拍摄一段桌面的实拍素材，通过After Effects的摄影机反求技术，算出摄影机运动数据，将Element 3D制作的宇宙飞船结合到实拍场景中，实现二者运动的完美融合（图9-28）。

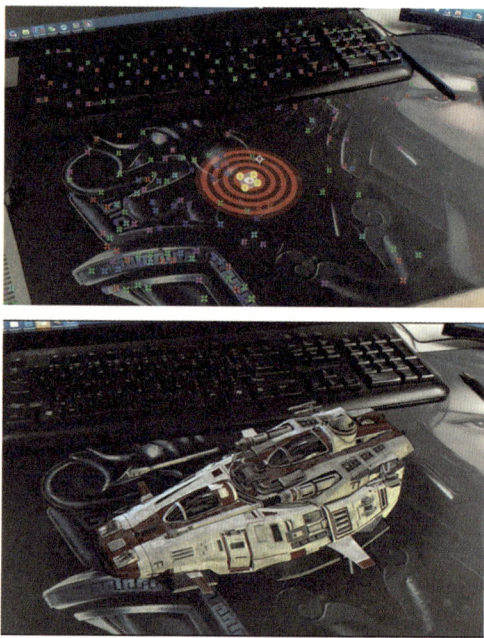

图9-28 摄影机反求跟踪技术——桌面飞船

## 二、Element 3D插件基础

### 1. 准备工作

（1）安装Element 3D插件：确保After Effects版本与Element 3D插件兼容，下载并安装Element 3D插件。

（2）准备模型：可以使用3D建模软件（如Cinema 4D、Blender等）创建3D模型，并将其导出为Element 3D支持的格式（如OBJ）。

## 2. 导入模型到After Effects

打开After Effects，并创建一个新的合成。

## 3. 添加Element 3D图层

（1）在合成中，创建一个新的纯色层作为Element 3D的载体。

（2）选中纯色层，然后在效果菜单中找到Element 3D并应用，点击效果面板中的
"场景设置（Scene Setup）"按钮打开Element 3D独立页面（图9-29）。

图9-29　Element 3D独立页面

（3）导入模型：在Element 3D的界面中，找到模型导入选项，通常位于"Scene"
或"Objects"标签页下。

（4）点击导入按钮，选择之前准备好的OBJ模型文件。

## 4. 调整材质和灯光

（1）编辑材质：在Element 3D的材质编辑器中，用户可以为模型分配不同的材质
球，并调整其属性，如颜色、反射、光泽度等。Element 3D提供了丰富的材质预设和
自定义选项，可以根据需要进行选择和调整。

（2）设置灯光：在Element 3D的灯光系统中，可以添加不同类型的灯光（如
点光源、聚光灯、平行光等）。调整灯光的位置、颜色和强度，以创建所需的照明
效果。

### 5. 动画设置

（1）基本动画：在Element 3D中，用户可以为模型设置关键帧动画，包括位置、旋转、缩放等基本属性。通过在时间线上设置关键帧，并调整模型在不同时间点的属性，可以创建出平滑的动画效果。

（2）高级动画：Element 3D还支持更复杂的动画设置，如粒子系统、破碎效果等。这些高级功能需要一定的学习和实践才能熟练掌握。

### 6. 渲染输出

（1）设置渲染参数：在After Effects的渲染设置（Render Settings）中，根据需要选择合适的输出格式和分辨率。Element 3D提供了丰富的渲染选项，如抗锯齿、运动模糊等，可以根据需要进行调整。

（2）开始渲染：设置好渲染参数后，点击渲染按钮开始渲染过程。渲染完成后，用户可以在指定的输出目录中找到渲染好的视频文件。

## 三、桌面飞船制作流程

### 1. 新建项目并导入素材

选择菜单文件→新建→新建项目，在项目面板中打开导入文件对话框，找到素材文件夹位置，选择"桌面实拍2.mp4"素材，单击"导入"按钮，并将素材拖拽入合成创建按钮。

### 2. 摄影机捕捉

拖动时间线观察素材，该视频在拍摄时放置一处纸片作为捕捉点，这样有利于复杂环境下的摄影机捕捉，提高捕捉精度。选中"桌面实拍2.mp4"层，在"跟踪器"面板选择"跟踪摄像机"选项，系统会自动捕捉并计算摄影机运动曲线，计算完成后，形成许多彩色的捕捉点（图9-30）。

### 3. 摄影机反求与创建捕捉平面

拖动时间线观察素材，纸片的捕捉点正好构成一个平行于桌面的平

图9-30 跟踪摄像机

面，选中这几个捕捉点，右键选择"创建
实底与摄影机"，播放视频，观察实底是
否完美贴合桌面平面，并与摄影机运动完
美契合，如果没有问题，代表摄影机反求
成功（图9-31）。

### 4. 创建3D飞船模型

新建黑色纯色层，重命名为"飞船"。
添加效果→Video Copilot→Element，点
击"效果控件"面板中的"Scene Setup"
打开独立的Element 3D界面，在右侧模
型浏览器中选择Models→Iron-Star2模型
（图9-32）。

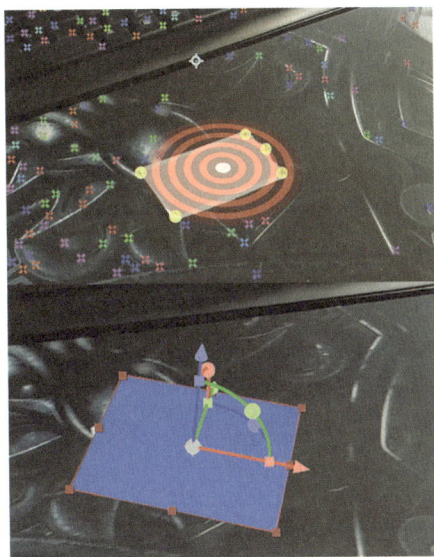

图9-31 创建实底与摄影机

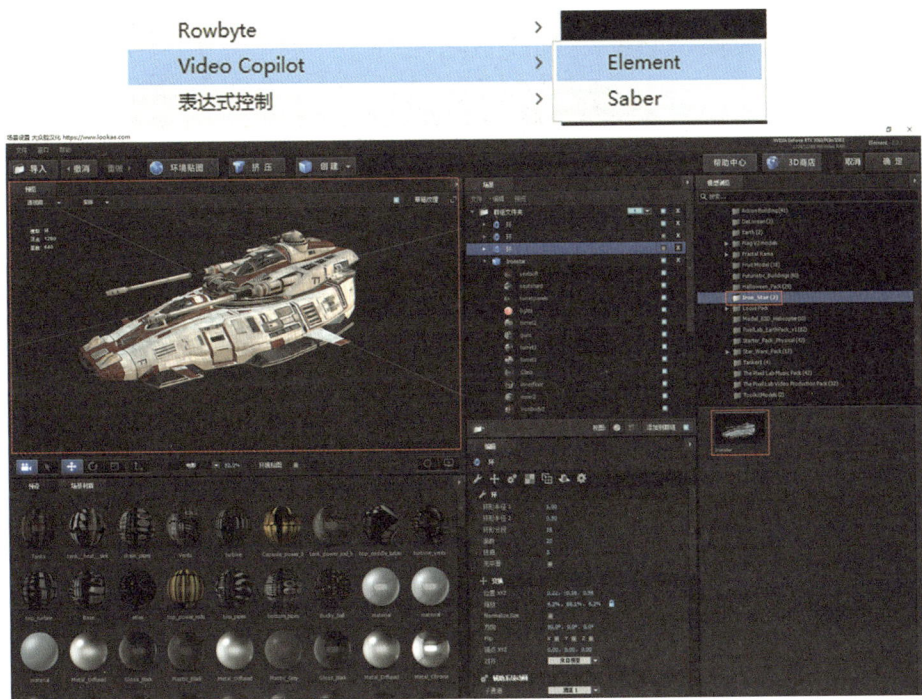

图9-32 创建3D飞船模型

### 5. 3D飞船动画与摄影机匹配

在Element 3D界面设置好后，点击确定，回到After Effects界面。打开"跟踪为空

1"层，按P键打开位置属性，分别复制该位置的XYZ值到"效果控件面板—群组1—粒子复制的位置XYZ值"中，可以很好地匹配三维模型和场景捕捉点位置重合（图9-33）。

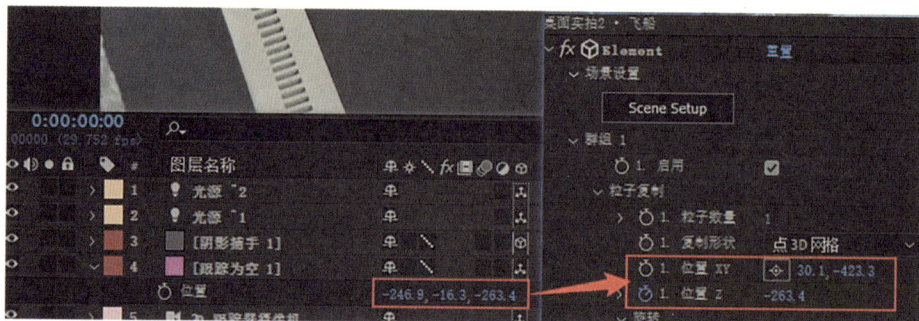

图9-33  3D飞船动画与摄影机匹配

### 6. 3D飞船动画制作

（1）飞船尾焰：在Element 3D界面，点击创建按钮，创建两个"圆环"。设置圆环的大小和位置正好放置于飞船发动机尾喷口，选择"场景材质"面板中的"LED Blue"材质，将其拖拽给"场景"面板中的"环"模型，形成飞船尾焰效果（图9-34）。

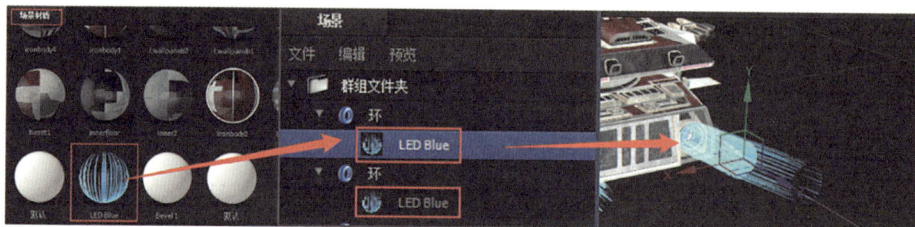

图9-34  飞船尾焰

（2）飞船尾焰动画：在Element 3D界面设置好后，点击确定，回到After Effects界面。打开效果控件面板，按照让圆环先从小到大伸缩，同时沿自身长轴方向旋转来模拟火焰喷出质感，设置参数，实现尾焰喷射动画，同时，飞船落地时，尾焰再缩短模拟关闭发动机效果（图9-35）。

（3）飞船飞行动画：在效果控件面板，调节飞船原地升起→转个圈→落地的三段动画，设置参数（注意别让定位的纸片穿帮露出画面）（图9-36）。

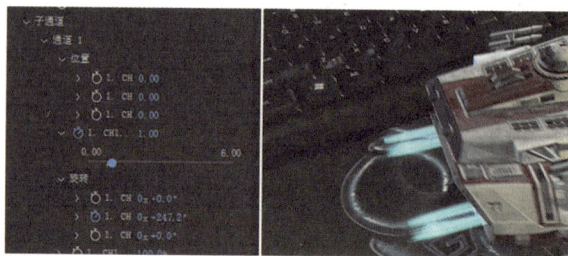

图9-35  飞船尾焰动画

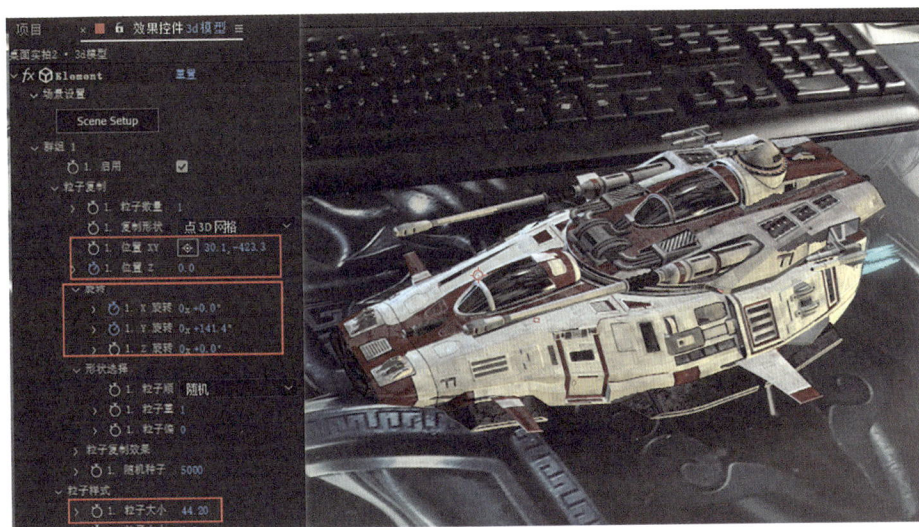

图9-36 飞船飞行动画

### 7. 飞船点火、熄火烟雾制作

导入"点火烟雾.mov""熄火烟雾.mov"素材，在时间线面板将素材放置在"飞船"层之后，结合飞船起飞和降落的时间，将烟雾素材调整大小和方向至合适，如果有穿帮的烟雾，配合蒙版去除即可，最终起飞和降落时都有烟雾效果，增加画面氛围感（熄火烟雾素材原始色彩为橙色，如需其他色彩，可添加"色相饱和度"效果进行手动调节）（图9-37）。

图9-37 飞船点火、熄火烟雾制作

### 8. 阴影制作

新建黑色纯色层，绘制蒙版为飞船大致形状，修改该层混合模式为"柔光"，并开启该层的3D图层属性，调整大小和角度，放置该层于飞船层后，模拟阴影效果（图9-38）。

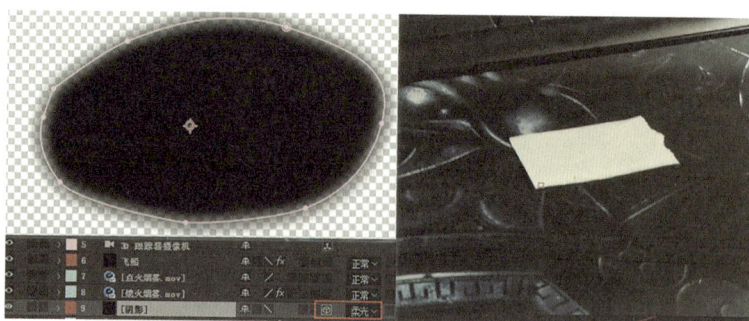

图9-38 阴影制作

## 9. 音效制作

导入"科幻飞船引擎启动声.mp3"素材，在时间线面板将素材放置于最底层，结合飞船起飞降落的时间，放置该素材到合适位置（图9-39）。

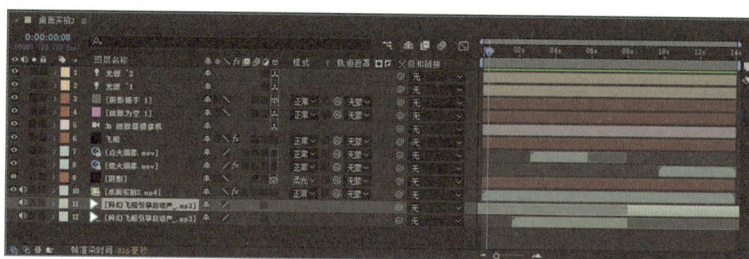

图9-39 音效制作

## 10. 成片效果

确认效果后，完成桌面飞船视频成片输出（图9-40）。

图9-40 桌面飞船成片效果

● 思考与练习

1.摄影机跟踪、稳定与反求技术在影片特效制作中分别扮演什么角色?

2.结合实际案例,讨论摄影机反求技术如何实现数字化素材与实拍素材的无缝融合。

3.分析电影"钢铁侠"特效画面实例,探讨其制作过程中可能涉及的关键技术。

第十章

# MG虚拟数字人动画高级实例

## 教学目标

本章旨在使学生深刻理解动态图形（Motion Graphics，MG）技术在虚拟数字人动画制作中的核心作用与广阔应用前景。通过理论讲解与高级实例分析，学生将掌握MG动画的艺术魅力与多样化表现形式，熟悉After Effects平台及一系列高效插件工具在构建MG数字人制作系统中的应用，并能够独立完成高质量的MG虚拟数字人动画制作。

## 教学重点

1.深入理解MG动画如何以富有感染力和个性的方式，为数字人赋予生动的灵魂，探讨其在数字人制作领域的独特优势。

2.通过完整且高级的MG虚拟数字人动画制作案例，掌握从构思到实现的全过程，包括关键步骤、技巧及创意发挥。

## 推荐阅读

[1]洪兴隆. MG动画设计与制作从新手到高手[M]. 北京：清华大学出版社，2023.

[2]马健健，张翔. 虚拟偶像AI实现[M]. 北京：清华大学出版社，2022.

## 教学实践

本章教学实践环节将围绕MG虚拟数字人动画高级实例展开。学生将分组进行，每组选择一个或自创一个MG虚拟数字人动画制作主题，结合理论知识与推荐阅读材料，利用After Effects平台及所学插件工具，完成一个MG虚拟数字人动画的制作。

**本章知识要点：**

　　本章深入探讨了MG技术在数字人制作领域的行业前景。了解MG动画独特的艺术魅力与表现形式，为数字人赋予生动的灵魂。

　　在技术实践层面，本章聚焦于After Effects平台，详细介绍了如何利用Overlord矢量导出插件、Joysticks'n Sliders、Duik以及Deekay Tool等一系列高效插件工具，构建出一个高度可控且功能强大的MG数字人制作系统。这些插件不仅极大地提升了动画制作的效率，还使数字人的动作、表情以及整体表现更加细腻逼真，达到了前所未有的水平。为了加深理解，本章还通过一个完整且高级的案例，全面展示了MG数字人从构思到实现的全过程。通过这个案例，读者不仅能够掌握MG数字人制作的关键步骤和技巧，还能领略到MG技术在数字人领域所展现出的无限创意和可能性。

　　随着网络时代的成熟，数字化信息传播媒介不断更新和发展，MG动画（Motion Graphics Animation）作为一种区别于传统逐帧二维动画、三维动画之外的新型动画形式，以其简洁的动画角色造型、丰富的动态效果和高效的传播能力，在各个领域得到了广泛应用。无论是在广告、宣传、教育、娱乐还是其他商业活动中，MG动画都以其独特的魅力吸引着观众的眼球。MG动画因其制作周期短、成本可控、传播范围广等特点，被广泛应用于广告宣传中。通过MG动画，企业可以生动形象地展示产品特点、品牌故事、科普知识传播、教学辅助等方面，能够用独特的艺术表达吸引潜在客户的注意。随着人工智能、计算机图形学等技术的不断发展，虚拟数字人技术也日益成熟。虚拟数字人可以有MG、二维、三维多种视觉形式，配合后台还能进行自然语言应对和交互，为客户提供丰富多样的互动体验。在商业、娱乐、教育等多个场景中发挥着关键作用。

# 第一节　MG 虚拟数字人动画基础

## 一、关于MG动画的风格

MG动画是一种将平面设计与动画技术巧妙融合的动态视觉艺术，它通过为静态图像注入生命，创造出别具一格的视觉盛宴。在角色设计上，众多MG动画倾向于采用45度无透视视角，这一巧妙选择不仅简化了人物四肢动作的制作过程，还使故事脚本能够以更少的角度高效演绎，从而显著加快了动画制作的速度。

在色彩运用上，MG动画展现出独特的简洁美。其着色与光影处理几乎摒弃了渐变色的使用，转而采用各明度不同的纯色进行搭配，这一做法极大地便利了上色环节，提升了工作效率。同时，造型与上色方式的简化，不仅提高了制作的便捷性，还有效降低了制作成本（图10-1）。

此外，MG动画在图形表现上同样独具匠心。它广泛运用符号、几何形、抽象图形等图形化动态表达手法，这些惯用的表达方式不仅丰富了动画的视觉语言，还使平面设计领域的诸多元素能够轻松转化为动画角色，从而实现了传统动画与静态图形设计的完美融合，呈现出一种崭新的动态平面设计表达形式（图10-2）。

图10-1　MG动画的风格

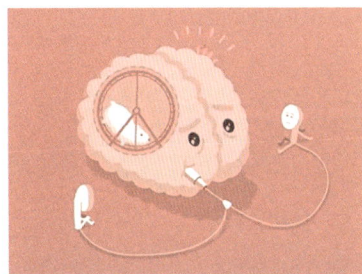

## 二、MG动画常用技术

After Effects制作MG动画的常用技术主要包括控点工具、关键帧动画以及强大的插件配合，如Overlord矢量导出插件、Joysticks'n Sliders以及Duik、Deekay Tool等，Overlord

图10-2　MG动画在图形表现

插件提供了高质量的矢量导出功能，Joysticks'n Sliders是一个基于After Effects的pose-based绑定系统，它极大简化了3D人物面部动画和其他复杂动画的制作流程。Duik和deektool专注于角色装配（绑定）和动画控制，提供了丰富的工具和预设，使动画师能够轻松地为角色创建复杂的动画效果，包括关节动画、IK操作等。使AE成为制作MG动画的首选工具之一。

### 1. Overlord矢量导出插件

Overlord矢量导出插件是一款专为Illustrator和After Effects设计的强大工具，它允许用户在两个软件间无缝传输矢量图形、动画和其他设计元素，极大地简化了工作流程。

（1）插件面板功能：购买并安装完成后，在Illustrator和After Effects中都会出现Overlord的面板。这个面板可以通过软件菜单的窗口→拓展功能找到。Overlord面板设计简洁（Illustrator与After Effects的面板略有不同），功能直观，主要包括导入素材、导入素材的形状、位置选择、软件切换、新建画布、导入色板、导入参考线、导出素材八个部分（图10-3）。

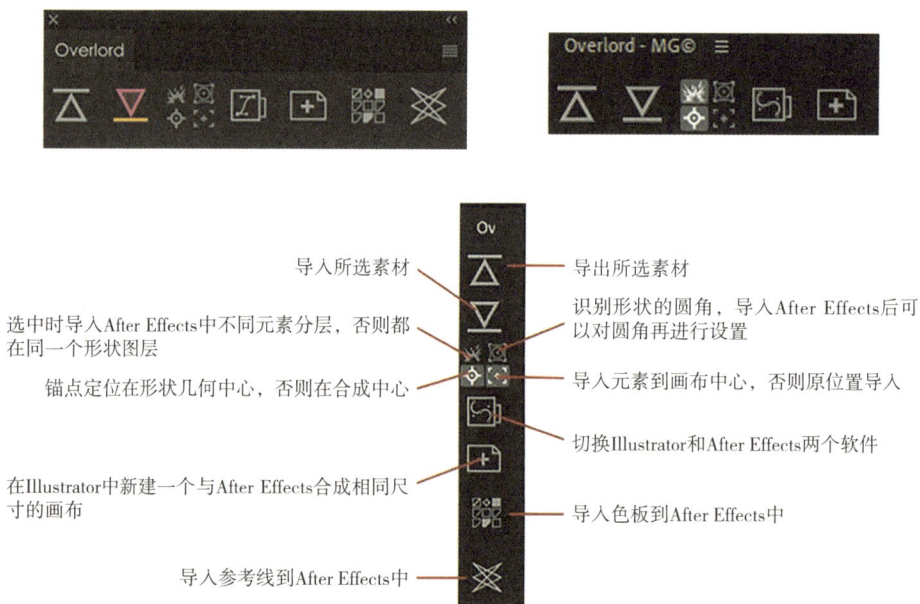

图10-3 Overlord 面板

（2）基本使用技法：①图形传输：在Illustrator中设计好矢量图形后，可以直接通过Overlord面板将其传输到After Effects中。传输过程中，Overlord会尽可能保留图形的矢量属性、图层结构和命名等信息。在After Effects中，接收到的图形将以形状图层的形式出现，可以直接进行动画编辑。

②动画传输：Overlord不仅支持静态图形的传输，还支持动画的传输。这意味着用户可以在Illustrator中设计好动画的关键帧，再通过Overlord将它们完整地传输到After Effects中。在After Effects中，用户可以继续编辑这些动画，或者与其他元素合成更复杂的动画效果。

③双向传输：Overlord还支持从After Effects向Illustrator的传输。这意味着如果用户在After Effects中对形状图层进行了修改或添加了新的动画关键帧，可以通过Overlord将它们传回Illustrator中进行进一步的编辑或调整。

（3）高级技巧：①利用Overlord的自动化功能：Overlord提供了许多自动化功能，如自动检测参数化形状、自动调整图层命名等。利用这些功能可以进一步简化工作流程，提高工作效率。

②结合其他Adobe软件使用：虽然Overlord主要是为Illustrator和After Effects设计的，但用户可以将它与其他Adobe软件结合使用，如Photoshop等。通过在不同软件之间传输图形和动画元素，用户可以创建更加丰富和动态的设计作品。

③优化传输设置：根据用户的具体需求优化Overlord的传输设置。例如，如果用户不需要传输渐变填充或描边信息，可以在设置中关闭这些选项以减小传输文件的大小和提高传输速度。

### 2. Deekay Tool角色插件

Deekay Tool工具是一个全新的角色动画师的改变游戏规则的扩展（图10-4）。一键创建和保存角色，只需单击一下即可创建和保存字符，新的Animate动画功能使用户可以使用直观的控件创建和自定义动画。以最快的优化速度改善用户的工作流程，改变操作规则的功能将使用户的动画脱颖而出。

图10-4　Deekay Tool角色插件

Deekay Tool角色插件的基本使用技法包括以下六个方面。

①打开插件：在After Effects软件顶部菜单中，选择窗口→扩展，找到并打开DeeKay Tool脚本。

②界面介绍：Deekay Tool插件的界面通常包括操控、辅助、控制、预设等多个部分。

③创建角色：使用插件提供的功能一键创建角色，或根据需求自定义角色的四肢样式。命名并接受创建的角色，插件会自动进行骨骼绑定。

④调整参数：在"效果控件"内设置角色的各种参数，如关节位置、旋转角度等。

⑤绑定控制器：使用人偶位置控点工具为角色点出控制点，并通过插件将这些控制点绑定到角色的骨骼上。

⑥创建动画：利用插件提供的动画预设快速创建角色动画。也可以手动调整关键帧，制作更复杂的动画效果。

### 3. Joysticks'n Sliders插件

Joysticks'n Sliders是一个基于After Effects的pose-based绑定系统，在图层上可以即时创建动画，只需在开始和结束位置设置关键帧，即可生成过渡动画，还可使用滑块来控制动画的任意位置，对于许多卡通角色制作、MG动画制作和其他特殊动画制作，此插件都可以为用户提供高效的制作方案（图10-5）。Joysticks'n Sliders是After Effects的动画操纵杆控制器，通常用于简化角色动画制作，尤其是在面部动画和3D角色操纵中发挥重要作用。

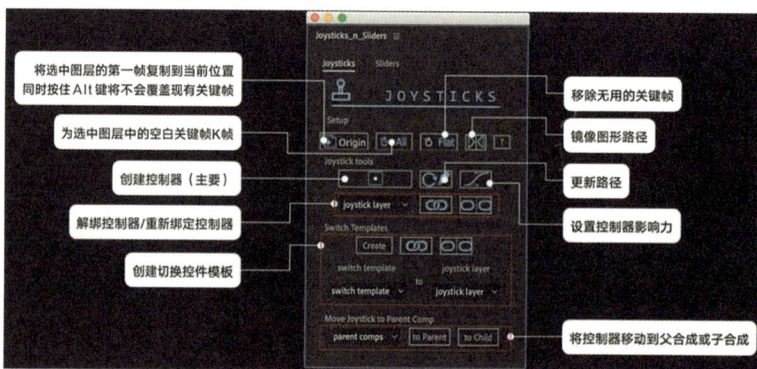

图10-5　Joysticks'n Sliders插件

（1）基本使用技法：①创建新合成：在After Effects中新建一个合成，作为动画的工作区。

②添加图层：可以添加一个纯色层作为背景，或绘制一个矩形、圆形等作为主要

动画的图层。

③设置关键帧：使用After Effects的时间轴和图层属性，为主要动画的图层设置关键帧。通常，Joysticks'n Sliders需要设置起始点（中心点）、右侧、左侧、顶部和底部等五个连续的关键帧，以代表角色的不同姿态。

④创建控制器：在设置完关键帧后，选中图层，点击Joysticks'n Sliders面板中的"Create New Joysticks"或类似按钮，创建一个新的操纵杆组。为操纵杆组命名并确认，此时会在时间线上新增相应的控制图层。

⑤操纵控制器：通过移动操纵杆（在Joysticks'n Sliders面板中显示为可拖动的控制点），可以实时看到图层属性的变化，从而制作出动画效果。

（2）高级功能：①解绑与重新绑定：如果需要调整关键帧或控制器设置，可以使用解绑功能，对控制器进行解绑和重新绑定操作。

②切换控件模块：利用切换控件模块功能，可以实现更复杂的动画控制，如左右耳朵前后自动切换遮挡显示等。

③父子级控制器移动：可以将控制器移动到父合成或子合成中，以便在不同的层级结构中管理和操纵动画。

# 第二节　MG 虚拟数字人动画实例

## 一、Illustrator绘制矢量角色

### 1. 绘制角色

启动Illustrator，新建A4（210×297毫米）纸张，选择钢笔工具绘制角色造型，注意在绘制时将角色身体各组件分层绘制，便于在After Effects中制作动画。绘制完成后，将各个部分图层进行命名（图10-6）。

图10-6　绘制角色造型

### 2. 导出到After Effects

保持After Effects启动并新建1920*1080、10秒时长、25帧/秒合成，在Illustrator中打开OverLord插件，选择所有层，按图设置OverLord选项（图10-7）并点击"导出至After Effects"按钮，将矢量图形导入After Effects软件中。

### 3. 修正渐变色问题

通过OverLord插件导出到After Effects的矢量图形绝大部分都保持一致，但是渐变色会有些小瑕疵，所以在After Effects中要打开渐变填充工具，手工调整渐变色和透明度渐变，修正渐变色问题（图10-8）。

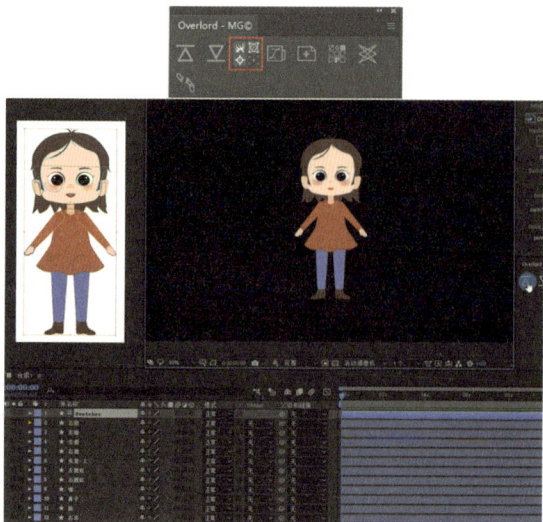

图10-7 设置OverLord选项并导出

图10-8 修正渐变色问题

## 二、MG动画——Deekay Tool插件身体运动动画

### 1. 四肢替换

由于目前角色的四肢是Illustrator绘制，不适合Deekay Tool的变形，所以要用Deekay Tool生成四肢图形，便于动画制作。

（1）选择Deekay Tool的"操控面板"，创建→弹出面板中勾选锥化选项→接受，创建胳膊图形（图10-9）。

（2）对位起始关节到肩膀为止，结束关节到手腕为止，调整胳膊长度值和方向值，创建→弹出面板中勾选锥化选项→接受，创建胳膊图形，创建好后修改相关参数，做好胳膊的造型（图10-10）。

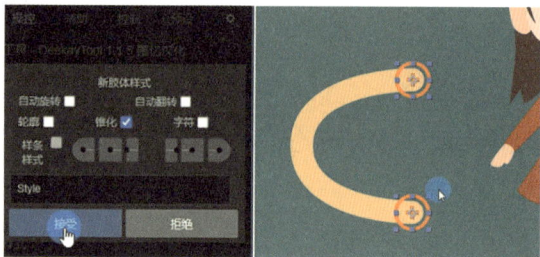

图10-9 创建胳膊图形

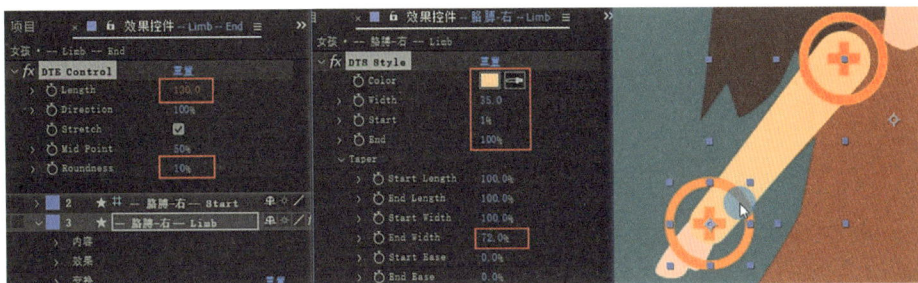

图10-10 修正胳膊造型

（3）修改中文名字：层的名字是由Deekay Tool生成的英文名，为了好操作，修改为中文名字"胳膊-右"，但要注意的是，改名必须在Deekay Tool提供的改名工具中进行才会有效，不能通过传统重命名图层的方式修改（图10-11）。

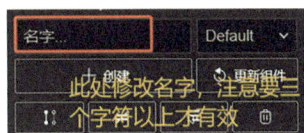

图10-11 修改中文名字

（4）做好后删除原有四肢层，完成四肢替换。

★注：剩下的左臂、腿部均可用此方法替换，在此不做赘述。

### 2. 脚部设置

调节右脚的朝向为向右，让两只脚同方向，把两只脚分别连接到大腿的end层（图10-12）。

图10-12 脚部设置

### 3. 手部设置

与脚部连接原理相同，把两只手分别连接到胳膊的end层（图10-13）。

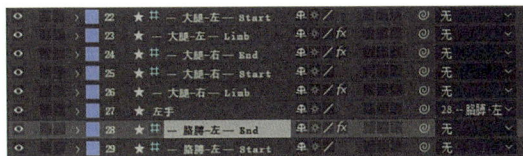

图10-13 手部设置

### 4. 五官设置

由于脚部和身体已经调整成半侧面形式，五官也要做侧面调整，把五官向脸部侧面位移，形成侧面效果（图10-14）。

图10-14 五官设置

### 5. 身体及四肢绑定

绑定的主要目的是把身体的各个结构绑定到骨骼系统中，由骨骼驱动身体制作动画表演，类似于三维动画的骨骼绑定概念，不同之处在于所有绑定是二维空间内的平面元素绑定，各个部件之间的前后关系由层的前后叠压关系决定，不是真正的三维空间。二维动画引入骨骼绑定概念后，改变了传统二维动画的逐帧绘制的烦琐和低效，也是MG动画能够高效制作的核心技术之一。

（1）身体绑定：身体绑定是整个绑定的第一步，首先选择身体部件层，在选择Deekay Tool的控制面板，并点击该面板中人形图形化界面的身体控制点，在弹出面板中为该绑定命名为"女孩绑定"并点击确认，完成身体绑定操作（图10-15）。

（2）四肢、其他部件绑定：完成身体绑定后，依次选择四肢，点击"人形图形化界面"对应的点，进行绑定；再选择脖子、头部、双脚并点击"人形图形化界面"对应的点进行绑定（全部点都为绿色后），完成部件绑定操作（图10-16）。

图10-15 身体绑定

### 6. 动画制作

完成绑定后，打开Deekay Tool的控制→动画预设→"Woman Walk"预设，点击后会自动生成该动作的动画（图10-17）。

### 7. 动画调节

观察此时的默认动画效果，发现身体运动并不协调，主要因为我们的角色设计并不完全是MG动画的对称、细长的四肢设定，所以需要手动调节动画。

图10-16 四肢、其他部件绑定

（1）腿部穿插修正：选中左腿的所有层，在时间线面板将左腿所有层放置于右腿所有层后，解决左右腿穿插的错误（图10-18）。

（2）步态动画修正：选中"女孩绑定"层→效果控件面板中的"Legs Controller"→Advanced→Legs X Phase Of值为"50"，完成步态修正（图10-19）。

图10-17 动画预设

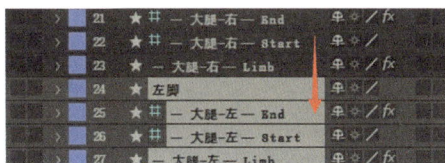

图10-18 腿部穿插修正

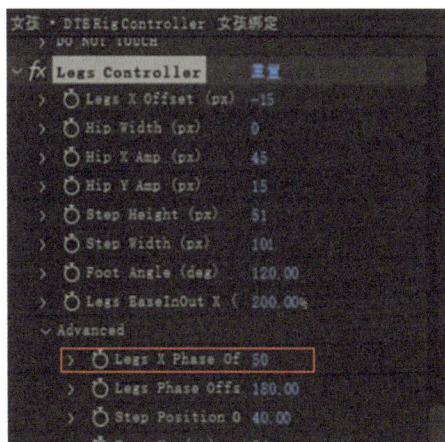

图10-19 完成步态修正

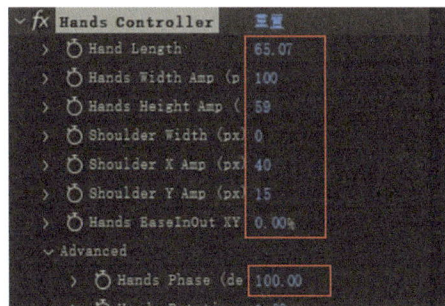

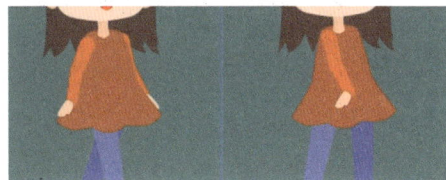

图10-20 胳膊动画修正

（3）胳膊动画修正：选择"效果控件"面板中的"Hands Controller"以及Advanced面板的值，调整参数，完成胳膊运动修正（图10-20）。

（4）身体动画修正：选择"效果控件"面板中的"Body Controller"面板，修改参数，完成身体运动细节调整，也可以调节"Common Controller"面板，生成更多效果（图10-21）。

（5）手部摆动动画：选择"右手"层，修改预览区间为0～1.5秒（35帧），打开该层的旋转属性，设置0～20帧手腕向后弯曲，21～35帧手腕向前弯曲动画（图10-22）。

（6）手部摆动循环动画表达式：为了让该动画形成循环效果，可以用表达式来设置，按住Alt键，左键点击"旋转"属性前的"码表"按钮，打开表达式输入框，输入"LoopOut（"Cycle"）"循环表达式语句，可以形成该段动画自动循环的效果（图10-23），另一只手按同样操作即可。

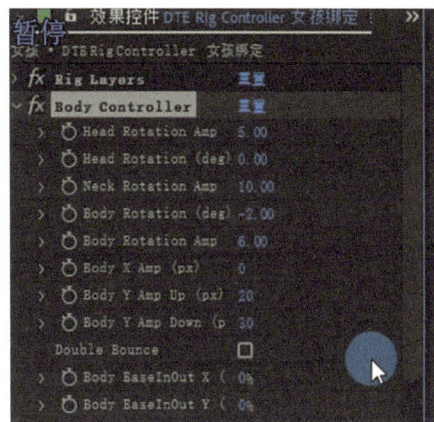

图10-21 身体动画修正

图10-22　手部摆动动画

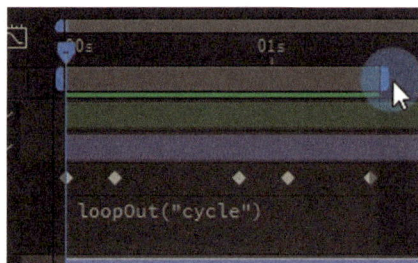

图10-23　手部摆动循环动画表达式

## 三、MG动画——Joysticks'n Sliders插件面部表情动画

### 1. 层分类整理

打开目前的角色走路工程文件，找到时间线面板中所有和头部五官无关的层，点开层的隐藏属性并打开隐藏功能，将除五官层外的层全部隐藏起来，红框内是保留的层（图10-24）。

图10-24　层分类整理

### 2. 设置变形层初始关键帧

由于脸部、眼睛、嘴、眉毛等部位在转头时都会发生形变，所以这些层的位置属性和路径属性都需要设置一个初始关键帧（脸部位置属性有表达式控制，所以不用设置关键帧，只设置路径关键帧）。

### 3. 设置各角度关键帧

★注：变形规则　必须按照正面、右侧、左侧、仰视、俯视的顺序设置关键帧。

（1）脸部正面：将五官、脖子和脸部都调节为正面形态后，在这些层的0秒位置设置位移和路径关键帧（鼻子、耳朵、腮红层没有发生形变，所以只需要设置位置关键帧）（图10-25）。

图10-25　脸部正面

全选所有层，点击"Joysticks'n Sliders"面板→Setup→Origin按钮，将第一帧的所有关键帧进行记录（图10-26）。

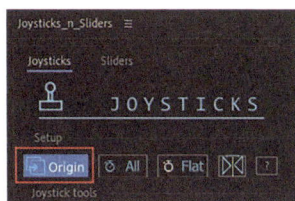

图10-26 进行关键帧记录

（2）脸部右侧：按"Pagedown"按钮来到第二帧，选中眼睛、鼻子、嘴、腮红、耳朵层，将这些层移动到脸部右侧（也可以调节眼睛等曲线形态），然后选中脸、脖子、头发层，打开曲线控制滑杆，将脸部形态、脖子和头发调节为侧面造型，检查下第二帧是否有和第一帧不同的空白帧，若有要点击设置关键帧补足当前空白帧（图10-27）。

（3）脸部左侧：按"Pagedown"按钮来到第三帧，保持全选所有层，按"Origin"按钮恢复为正面形态后，再以同样手段调节为左侧造型（图10-28）。

图10-27 脸部右侧

（4）脸部仰视：按"Pagedown"按钮来到第四帧，保持全选所有层，按"Origin"按钮恢复为正面形态后，再以同样手段调节为仰视造型（图10-29）。

（5）脸部俯视：先按"Pagedown"按钮来到第五帧，保持全选所有层，按"Origin"按钮恢复为正面形态后，再以同样手段调节为俯视造型（图10-30）。

图10-28 脸部左侧

### 4. 设置控制器

全选所有层，点击"Joystick Tools"控制器按钮，■■■生成控制器，并命名为"转头"控制器（图10-31）。

此时拖动控制器的白色

图10-29 脸部仰视

方框，就可以实现各个角度的转头动画。

**5. 设置控制器动画**

（1）转头控制器：选择"转头控制层"，按"to Parent"按钮，将控制器放置于父层级之外（便于高效控制）（图10-32）。

选中"转头控制层"，按P键打开位置属性，打开码表，调节拖动白色控制块在时间线做各个角度动画，完成边走路边转头的动画（图10-33）。

（2）眼球控制器：选择"左右眼层"，打开位置属性关键帧，在1帧位置按"Origin"按钮记录初始关键帧，同理在1、2、3、4、5帧处做好眼球的正、右、左、上、下位置关键帧，选中左右眼层的关键帧，创建控制器并命名为"眼球转动"控制器（图10-34）。

（3）眨眼滑块控制器：新建一个形状层，命名为"眨眼-左"，绘制眼皮造型，填充色为皮肤颜色，放置于"左眼"层上方，开启"左眼"层的轨道遮罩（遮罩选择"眨眼-左"层），形成眼皮遮蔽眼睛的效果（右眼同理）（图10-35）。

图10-30　脸部俯视

图10-31　设置控制器

图10-32　转头控制器

图10-33　转头的动画

图10-34 眼球控制器

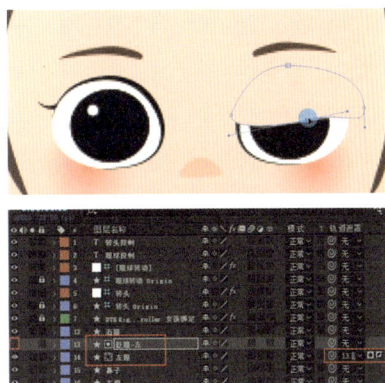

图10-35 眨眼滑块控制器

①打开"眨眼–左"层的路径关键帧，第1帧处是路径设置初始关键帧，在2帧处设置睁眼的路径关键帧，全选两个关键帧，点击■■■按钮，创建"Slider Tools"滑块控制器，再次选中"效果控件"面板的滑块控制属性，点击 Create 创建滑块控制图标。命名为"眨眼–左"控制器（右眼同理）（图10–36）。

②选择"左右眼层"，打开位置属性关键帧，在1帧位置按"Origin"按钮记录初始关键帧，同理在1、2、3、4、5帧处做好眼球的正、右、左、上、下位置关键帧，选中左右眼层的关键帧，创建控制器并命名为"眼球转动"控制器，完成眨眼控制（也可以设置四个方向的眨眼控制，形成上下眼皮、单眼眨眼效果等）。

（4）其他控制器：按照以上设置控制器技法，为角色设置多个控制器，分别是脸部转动、眼球转动、眉毛（笑、哦、撇、气）、嘴型（笑、哦、撇、气）、眨眼五类控制器，就可以实现角色表情的大部分动作，同时控制器之间的任意组合，可以实现几乎所有的常规表情，满足动画表情制作的需要（图10-37）。

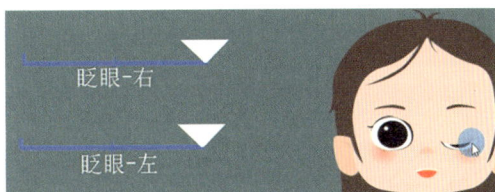

图10-36 "Slider Tools"滑块控制器

### 6. 角色动作与表情综合动画

在成功构建角色表情控制器之后，将其与角色动作控制器相结合，便能实现角色在动作执行的同

图10-37 其他控制器集合

图10-38　角色表情综合控制

时，展现出相应的表情，从而完成生动的角色表演。借助这套高效的控制系统，几乎所有的动作与表情动画都能得以实现（图10-38）。只需简单操作，选中控制器上的白色方框控制点，并在控制器的位移属性中设置关键帧动画，即可轻松驾驭角色动画表演。一旦为角色配备了定制化的控制系统，后续便能高效且持续地制作出精彩的动画表演，实现一劳永逸的效果（图10-39）。

### 7. MG数字人（虚拟主播）设计思维

MG数字人交互设计思维是一种前沿的创意与技术融合的方法论，旨在通过本案例技法高度定制化的角色动作与表情控制系统，实现虚拟主播动画的高效制作与灵动表现。此设计思维的核心在于充分利用预先制作的高精度、可操控角色模型，特别是针对虚拟主播在口播过程中频繁使用的口型变化、丰富表情及自然流畅的肢体动作，进行全面的预制化处理。

设计者可以依据虚拟主播内容要求或播出风格，设计一套涵盖情感表达与交流需求的角色动作库与表情控制系统。这一系统包含基础的语言发音口型和对应的五官表情以及肢体语言，确保了虚拟主播在互动中的真实感与亲和力。

在此基础上，根据既定的口播文案内容，动画师能够利用本套系统迅速且精准地调整角色控制器的各项参数，匹配相应的口型操控点及预设的肢体动作序列。这一过程极大地简化了传统动画制作中烦琐的关键帧调整，使虚拟主播能够以近乎实时的效率，流畅地演绎出既符合文案内容又富有个人特色的动画表现。

此外，MG数字人交互设计思维还强调了对用户反馈的快速响应与迭代优化能力，通过不断收集与分析虚拟主播在实际应用中的表现数据，持续优

图10-39　角色动作与表情综合动画

化角色动作与表情的预制库，确保虚
拟主播能够持续进化，更加贴合观众
的审美取向与互动期待。MG数字人交
互设计思维不仅提升了虚拟主播动画
的制作效率，更在保持角色生动性与
互动性的同时，为数字内容创作开辟
了全新的可能，引领着未来虚拟人物
交互体验的发展新潮流（图10-40）。

图10-40　虚拟主播动画

● 思考与练习

　　1.请分析MG动画相较于传统二维或三维动画，在数字人制作上的独特优
势是什么，并举例说明这些优势如何体现在具体的数字人项目中。

　　2.尝试在After Effects软件中，结合Overlord矢量导出插件，设计并导出
一个简单的数字人角色矢量图，并利用Duik插件为该角色添加基础的动作动
画，如行走、挥手等。

　　3.选取一个你认为成功的MG数字人案例，分析其成功的原因。请从角色
设计、动画表现、技术运用以及情感传达等多个维度进行深入剖析，并思考
这些成功要素如何能够应用到你自己未来的数字人制作项目中。

# 参考文献

[1] 吴洁，张屹南. 动态媒体设计[M]. 南京：江苏凤凰美术出版社，2024.

[2] 伊恩·克鲁克，彼得·比尔. 动态图形设计基础从理论到实践[M]. 王洵，译. 北京：中国青年出版社，2017.

[3] 奥斯汀·肖. 动态视觉艺术设计[M]. 陈莹婷，卢佳，王雅慧，译. 北京：清华大学出版社，2018.

[4] 克里斯·杰克逊. After Effects动态设计 MG动画+UI动效[M]. 隋奕，译. 北京：人民邮电出版社，2020.

[5] 许一兵. 动态视觉设计基础[M]. 上海：上海人民美术出版社，2023.

[6] 苏珊·魏因申克. 设计师要懂心理学[M]. 徐佳，马迪，余盈亿，译. 北京：人民邮电出版社，2013.

[7] 王睿志，毛辉，乔易. After Effects影视特效设计制作[M]. 石家庄：河北美术出版社，2015.

[8] 敬伟. After Effects 2024从入门到精通[M]. 北京：清华大学出版社，2024.

[9] 李伟. After Effects实例教程[M]. 2版. 北京：人民邮电出版社，2024.

[10] 曹茂鹏. 中文版After Effects 2023完全案例教程[M]. 北京：中国水利水电出版社，2023.

[11] 高昌苗. Photoshop+AE UI动效设计从新手到高手[M]. 北京：清华大学出版社，2023.

[12] 毕康锐. UI动效大爆炸：After Effects移动UI动效制作学习手册[M]. 北京：人民邮电出版社，2018.

[13] 刘津，李月. 破茧成蝶——用户体验设计师的成长之路[M]. 2版. 北京：人民邮电出版社，2020.

[14] 刘丽. APP UI设计手册[M]. 2版. 北京：清华大学出版社，2023.

[15] 王念新，尹隽. 数据可视化[M]. 北京：清华大学出版社，2023.

[16] 纳迪赫·布雷默，吴雪莉. 数据可视化创意手记[M]. 北京：电子工业出版社，2023.

[17] 张晓. 数字影视特效[M]. 武汉：华中科技大学出版社，2021.

[18] 李伟. 影视特效镜头跟踪技术精粹[M]. 北京：人民邮电出版社，2014.

[19] 洪兴隆. MG动画设计与制作从新手到高手[M]. 北京：清华大学出版社，2023.

[20] 马健健，张翔. 虚拟偶像AI实现[M]. 北京：清华大学出版社，2022.

[21] 王威. After Effects动态设计实战[M]. 北京：人民邮电出版社，2023.

[22] 张鼎. 做动效 After Effects跨平台UI动效设计教程[M]. 北京：电子工业出版社，2024.

# 附　录

由于After Effects软件的复杂性，掌握常用的快捷键可以大幅提升操作效率，我们特分层次总结了After Effects常用的快捷键使用方法与技巧，并按照Windows和MAC两个操作系统做了操作区分（表述以Windows系统为例），旨在提升After Effects的高级操作能力。

## 一、关键帧快捷键

### 1. 创建关键帧

除了点击秒表或菱形图标来添加关键帧，还可以用快捷方式为每个属性（锚点、位置、缩放、旋转、不透明度）添加关键帧（附图1）。

| | |
|---|---|
| 🍎 | 选项+A、P、S、R、T |
| ⊞ | Alt + Shift + A、P、S、R、T |

附图1　创建关键帧

提示：使用上面的关键帧快捷键，用户还可以通过重新按下相同的快捷键来快速删除关键帧。

### 2. 缓动关键帧快捷键

缓动关键帧有助于平滑两个关键帧之间的动画，使用键盘快捷键 "F9" 对选定的关键帧应用轻松缓动。"轻松缓入" 快捷方式允许快速启动动画，然后在结束时放慢速度；"轻松缓出" 快捷方式缓慢启动动画，然后快速结束（附图2）。

| | | |
|---|---|---|
| 🍎 | F9 |  |
| ⊞ | F9 | |
| 🍎 | Shift + F9 |  |
| ⊞ | Shift + F9 | |
| 🍎 | Command+Shift+F9 |  |
| ⊞ | Ctrl+Shift+F9 | |

附图2　缓动关键帧快捷键

### 3. 显示图层上的关键帧

要检查关键帧在时间轴上的位置可以选择图层并按U键（附图3）。

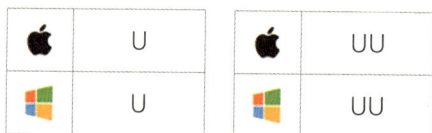

| | | | |
|---|---|---|---|
|  | U |  | UU |
|  | U |  | UU |

附图3　显示图层上的关键帧

### 4. 在图层上显示关键帧表达式

此快捷方式可以快速显示活动或修改关键帧的所有属性，包括任何表达式。

| 转到上一个关键帧 | | 转到下一个关键帧 | |
|---|---|---|---|
|  | J |  | K |
|  | J |  | K |

附图4　转换关键帧

### 5. 转到下一个或上一个关键帧（附图4）

## 二、界面快捷键

### 1. 切换分辨率

使用快捷方式可以轻松调整构图分辨率（附图5），而不必费力地使用可能会使计算机超载的全分辨率视图。

| | |
|---|---|
|  | 完整：Cmd + J<br>一半：Cmd + Shift + J<br>季度：Cmd + Opt + Shift + J |
|  | 完整：Ctrl + J<br>一半：Ctrl + Shift + J<br>四分之一：Ctrl+Alt+Shift+J |

附图5　切换分辨率

### 2. 交换替换图层

通过在时间轴中选择一个图层，按住 Alt 键，从项目面板中选择一个新图层，将其拖放到旧图层上替换 After Effects 时间轴中的图层。

### 3. 从时间切换到帧计数

要在 After Effects 中快速更改帧计数时间，可以将光标移动到预览时间框，按住 Ctrl 并鼠标单击。

此快捷方式还可以将时间轴上的时间交换为帧或常规时间。

### 4. 从填充切换到渐变

要将填充颜色切换为渐变，可以按住 Alt 并单击填充颜色框。

### 5. 最大化Windows面板

要将 After Effects 中的任何窗口最大化以填充整个屏幕，方法是将鼠标悬停在该窗口上并按～键（附图6）。此选项允许用户专注于 After Effects 的特定区域。

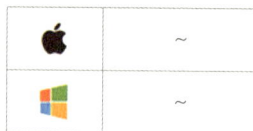

| | |
|---|---|
|  | ～ |
|  | ～ |

附图6　最大化Windows

### 6. 显示标尺和指南

按Ctrl+R可以打开或关闭标尺和指南，用户可以将参考线拖动到场景上（附图7）。

| | |
|---|---|
| 🍎 | 命令+R |
| ⊞ | Ctrl + R |

附图7 显示标尺和指南

### 7. 快捷方式编辑器

在快捷方式编辑器上，用户还可以创建自己的快捷方式，按Ctrl+Alt+'访问快捷方式编辑器（附图8）。

| | |
|---|---|
| 🍎 | 命令+选项+' |
| ⊞ | Ctrl + Alt +' |

附图8 访问快捷方式

## 三、音频快捷方式

### 波形快捷键

要快速访问音频层波形，可以在时间轴上选择的层，再按键盘LL（附图9）。

| | |
|---|---|
| 🍎 | LL |
| ⊞ | LL |

附图9 波形快捷键

## 四、渲染快捷键

### 渲染单帧快捷方式

当用户需要制作合成的屏幕截图时，按Ctrl+Alt+S，可以以psd或任何其他格式渲染单个帧（附图10）。

| | |
|---|---|
| 🍎 | 命令+选项+S |
| ⊞ | Ctrl+Alt+S |

附图10 渲染单帧

## 五、时间线捷径

### 1. 图形编辑器快捷方式

通过选择图层并按Shift+F3，访问After Effects中关键的图形编辑器以提高动画的流畅度（附图11）。

| | |
|---|---|
| 🍎 | Shift + F3 |
| ⊞ | Shift + F3 |

附图11 图形编辑器

### 2. 混合模式快捷键

选择一个图层并按Shift −或 Shift + 查看混合模式在图层上的外观（附图12）。

| | |
|---|---|
| 🍎 | Shift + 或 Shift − |
| ⊞ | Shift + 或 Shift − |

附图12 混合模式

### 3. 仅显示表达式

快速按EE可以打开并仅显示时间轴上有表达式的图层（附图13）。

| | |
|---|---|
| 🍎 | EE |
| ⊞ | EE |

附图13 仅显示表达式

## 4. 时间轴缩放

按+放大时间线并查看更多帧，以相同方式按–缩小并查看更少帧（附图14）。

| | |
|---|---|
| 🍎 | + |
| ⊞ | + |

附图14　时间轴缩放

## 5. 打开手动工具

按H键切换手形工具，用户可以在时间轴上快速上下移动或在作品中移动（附图15）。

| | |
|---|---|
| 🍎 | H |
| ⊞ | H |

附图15　切换手形工具

## 6. 前往特定时间

按Alt + Shift + J转到时间轴中的特定时间或帧，在弹出窗口中输入用户想要转到的时间即可（附图16）。

| | |
|---|---|
| 🍎 | 选项 + Shift + J |
| ⊞ | Alt+Shift+J |

附图16　前往特定时间

## 7. IN 和 OUT 层快捷方式

按I或O键将垂直线指示器移动到图层的第一帧或图层的最后一帧（附图17）。

| 转到图层起始帧 | | 转到图层结束帧 | |
|---|---|---|---|
| 🍎 | I | 🍎 | O |
| ⊞ | I | ⊞ | O |

附图17　图层移动

## 8. 工作区快捷方式

按B或N键快速设置开始或结束的渲染工作区域（附图18）。

| 开始工作区 | | 结束工作区 | |
|---|---|---|---|
| 🍎 | B | 🍎 | N |
| ⊞ | B | ⊞ | N |

附图18　设置渲染工作区域

## 9. 下一帧快捷方式

按Ctrl+向右箭头快速跳转到时间轴上的下一帧（附图19）。

## 10. 上一帧快捷方式

按Ctrl+向左箭头快速跳转到时间轴上的上一帧（附图20）。

| | |
|---|---|
| 🍎 | 按住 Command + 向左箭头 |
| ⊞ | 按住 Ctrl + 向左箭头 |

附图19　跳转时间轴1

| | |
|---|---|
| 🍎 | 按住 Command + 向右箭头 |
| ⊞ | 按住 Ctrl + 向右箭头 |

附图20　跳转时间轴2

## 六、层快捷方式

### 1. 图层搜索

按 Ctrl + F 进行图层搜索（附图21）。

| | |
|---|---|
|  | 命令 + F |
|  | Ctrl + F |

附图21　图层搜索

### 2. 删除一层上的所有效果

按 Cmd + Shift + E 消除一层中的所有效果（附图22）。

| | |
|---|---|
|  | Ctrl + Shift + E |
|  | Cmd + Shift + E |

附图22　删除效果

### 3. 创建一个空快捷方式

按Ctrl+Alt+Shift+Y快速创建空图层（附图23）。

| | |
|---|---|
|  | Ctrl+Alt+Shift+Y |
|  | Cmd + Option + Shift+ Y |

附图23　快速创建空间层

### 4. 打开选择工具

按 V 键快速将光标更改为选择工具，可以快速选择图层并在主场景中进行位置移动（附图24）。

| | |
|---|---|
|  | V |
|  | V |

附图24　选择工具

### 5. 显示图层属性

显示图层属性是用户在 After Effects 中最常使用的快捷方式，快捷键为P、S、R、T四个字母键：按P键显示图层"位置"属性；按S键显示图层"比例"属性；按R键显示图层"旋转"属性；按T键显示图层"不透明度"属性。

### 6. 修剪图层快捷方式

按Alt+[或Alt+]快速修剪开始处图层或末尾图层（附图25）。

| 在开始处修剪图层 | | 最后修剪一层 | |
|---|---|---|---|
|  | 选项+[ |  | 选项 + ] |
|  | Alt + [ |  | Alt + ] |

附图25　修剪图层

### 7. 时间指示器的启动和停止层

按[或]移动选定图层，使其入点或出点位于当前时间（附图26）。

| 开始图层 | | 结束层 | |
|---|---|---|---|
|  | [ |  | ] |
|  | [ |  | ] |

附图26　移动选定图层1

### 8. 预合成选定图层

按Ctrl+Shift+C将所选图层插入新合成中，同时确保选择是将关键帧移动到合成内部还是留在合成外部（附图27）。

| | |
|---|---|
|  | Command + Shift + C |
|  | Ctrl + Shift + C |

附图27　预合成选定图层

### 9. 显示或隐藏图层快捷方式

按Ctrl+Alt+Shift+V快速打开或关闭图层（附图28）。

| | |
|---|---|
|  | Command + Option + Shift + V |
|  | Ctrl+Alt+Shift+V |

附图28　显示或隐藏图层

### 10. 分层快捷键

按Ctrl+Shift+D在After Effects中分割图层，该快捷方式也适用于音频层和视频层（附图29）。

| | |
|---|---|
|  | Command + Shift + D |
|  | Ctrl + Shift + D |

附图29　分割图层

### 11. 开始层和结束层快捷方式

当用户需要将时间指示器（时间轴垂直线）移动到图层的开头或末尾时，按 I 键移动图层至开始的位置，按 O 键移动到图层的末尾（附图30）。

| 转到图层开始 | | 转到图层末端 | |
|---|---|---|---|
|  | I |  | O |
|  | I |  | O |

附图30　移动选定图层2

### 12. 隔离特定属性

选择所需的每个属性，按SS即可单独显示特定属性（附图31）。

| | |
|---|---|
|  | SS |
|  | SS |

附图31　隔离特定属性

### 13. 倒转时间快捷键

按Ctrl+Alt+R向后播放图层或视频（附图32）。

| | |
|---|---|
|  | Ctrl + Alt + R |
|  | Cmd + Alt + R |

附图32　倒转时间

# 后　记

  本教材在编写内容上区别于传统的教材，不单聚焦于软件工具如After Effects的使用技巧，更重要的是将设计理论与美学理论深度融合其中。我们深知，优秀的动效设计不仅是技术的堆砌，更是创意与美学的结晶。因此，在讲述每一个技术点时，我们都力求将其背后的设计原理和美学观念娓娓道来，让读者在掌握技术的同时，也能提升自己的审美能力和设计思维。

  在每个案例的解析中，我们特别注重对设计思维的分析。从创意的萌发到成品的实现，每一步都蕴含着设计者的巧思和匠心。通过详细剖析案例的设计过程，让读者能够清晰地看到设计者是如何将抽象的想法转化为具体的视觉效果。这种从思维到成品的转化过程，是本教材编写的重要特色之一。

  通过对本教材的学习，读者不仅能够熟练掌握After Effects等软件的使用技巧，更重要的是能够培养出一种敏锐的设计感知力和独特的创意思维。这种能力和思维方式将伴随读者在未来的动效设计道路上不断前行，创造出更多令人惊艳的作品。因此，我们相信，本教材不仅是一本技术手册，更是一本能够激发读者创意灵感的宝典。我们深知，任何一本教材都不可能做到尽善尽美，特别是在这个日新月异的时代，新的技术和理念层出不穷。因此，我们恳请广大读者在学习本教材时，能够保持批判性的思维，对书中的内容进行审慎地思考和判断。如果您发现书中的错误、遗漏或不当之处，欢迎随时向我们提出指正和建议。

2024年9月